建筑电气实用技术100问

梁金海　赵昊裔　杨春霞　主　编
严江东　段成锴　王　培　副主编
冯　峰　罗金盛　王金龙
吴　海　王　云　老　马
郭乃嘉　马潞潞　周　波　参　编
谌东海　梁淑芹　李　伟
刘文龙　罗卫东　张号军

机 械 工 业 出 版 社

本书以建筑电气实用技术为主线，主要讲述一些和施工、甲方、产品、维护等相关的内容。通过100个建筑电气的常见问题分析，融会贯通，学会解决建筑电气中各种常见问题的方法。大部分实例是已经完成的实际项目实例，不只是设计图样的实例，还有在实际应用中遇到的问题。对于问题的解答，都用理论去分析和总结，然后指导之后的实际应用。

本书可供设计、注册考试、施工、甲方、监理人员和大中专院校学生学习参考。

图书在版编目(CIP)数据

建筑电气实用技术100问/梁金海,赵昊裔,杨春霞主编.—北京:机械工业出版社,2018.8
ISBN 978-7-111-60600-0

Ⅰ.①建… Ⅱ.①梁… ②赵… ③杨… Ⅲ.①建筑工程-电气设备-问题解答 Ⅳ.①TU85-44

中国版本图书馆CIP数据核字(2018)第173974号

机械工业出版社(北京市百万庄大街22号 邮政编码100037)
策划编辑：汤 枫 责任编辑：汤 枫
责任校对：张艳霞 责任印制：常天培
北京圣夫亚美印刷有限公司印刷
2018年8月第1版·第1次印刷
184mm×260mm·12.75印张·310千字
0001-4000册
标准书号：ISBN 978-7-111-60600-0
定价：49.00元

凡购本书,如有缺页、倒页、脱页,由本社发行部调换
电话服务
服务咨询热线:(010)88379833
读者购书热线:(010)88379649

网络服务
机 工 官 网:www.cmpbook.com
机 工 官 博:weibo.com/cmp1952
教育服务网:www.cmpedu.com
金 书 网:www.golden-book.com

封面无防伪标均为盗版

前　言

编者曾先后从事施工、设计和甲方的工作，得以从多角度深入认知建筑电气技术。在实际工作与交流中，曾遇到很多在施工、设计、甲方等方面经验较为单一的同行，发现其认知难免有所偏颇，且角度单一。有很多技术问题，不同角度之下结论可能不同，而且有的问题，需要综合各种因素才能做出合理的判断。例如，施工现场临时用电的负荷计算和整体设计就比较特殊，通常是由施工方或甲方负责，他们往往有一定经验但缺乏理论依据，而如果交给设计院去做，设计院不缺理论，但缺少对实际情况的掌握，也很难提供现场准确参数。

在工期紧、严控成本的情形下，各方的技术水平参差不齐，暴露出越来越多的问题。例如，对于配电系统中的上下级保护电器概念不清，上下级保护电器是否需要有选择性及如何满足选择性不明确；设计中盛行开关导线连择表，采用各种保守的经验值，效率固然高效了，长此以往，很多基本内容和原理变得陌生了，从而未能很好地结合实际做出相应调整，留下了不少隐患。

作为一名建筑电气人，当竭力为建筑电气行业贡献自己的微薄之力，把自己所掌握的技能整理分享，以期能对广大同行有些许帮助，当甚感欣慰！

本书偏实用，亦不乏原理，大部分实例是已经完成的实际项目实例，不只是设计图样的实例，也有在实际当中发生的问题，本书中对这些问题进行了记录整理，用理论去分析和总结，然后指导后续的实际应用。

通过100个建筑电气的常见问题分析，融会贯通，读者能学会解决建筑电气中各种常见问题的方法。通过一系列极具启发性的问答，引爆读者对知识的渴望。书中内容涉及施工方、设计方和甲方，适合各方阅读、参考。

限于水平，书中难免存在疏漏、不妥之处，但在基本原理和实例支撑前提下力求更多的原创内容，希望能够抛砖引玉，引起读者的共鸣，一起交流探讨，共同提高。

欢迎各位读者加入《建筑电气实用技术100问》同名QQ群（QQ群号：489849910），便于一起交流书中电气技术问题和其他电气技术问题。

编　者

目　录

1. 如何确定供电电压等级？

（1）电力线路合理输送功率和距离（摘自《建筑电气专业技术措施（第二版）》）

各级电压电力线路合理的输送功率和距离见表1。

表1　电力线路合理的输送功率和距离

标称电压/kV	线路形式	输送功率/kW	送电距离/km
0.22	架空线	50 以下	0.15 以下
0.22	电缆	100 以下	0.2 以下
0.38	架空线	100 以下	0.25 以下
0.38	电缆	175 以下	0.35 以下
6	架空线	2000 以下	10~5
6	电缆	3000 以下	8 以下
10	架空线	3000 以下	15~8
10	电缆	5000 以下	10 以下
35	架空线	2000~10000	50~20

（2）电压选择（摘自《工业与民用配电设计手册（第四版）》，以下简称《配四》）

1）用电单位的供电电压应综合用电容量、用电设备特性、供电距离、供电线路的回路数、用电单位的远景规划、当地公共电网现状和它的发展规划以及经济合理等因素考虑决定。

2）1~220kV 交流三相系统的标称电压及各级电压线路送电能力见表2。

表2　各级电压线路送电能力

标称电压/kV	线路种类	送电容量/MW	供电距离/km
6	架空线	0.1~1.2	15~4
6	电缆	3	3 以下
10	架空线	0.2~2	20~6
10	电缆	5	6 以下
20	架空线	0.4~4	40~10
20	电缆	10	12 以下
35	架空线	2~8	50~20
35	电缆	15	20 以下
66	架空线	3.5~10	100~30

（续）

标称电压/kV	线路种类	送电容量/MW	供电距离/km
66	电缆	—	—
110	架空线	10~50	150~50
110	电缆	—	—

注：表中数字的计算依据：

1. 架空线及6~20kV电缆线芯截面按240mm^2，35~110kV电缆线芯截面按400mm^2，电压损失≤5%。
2. 导线的实际工作温度θ：架空线为55℃、6~10kV；XLPE电缆为90℃、20~110kV；XLPE电缆为80℃。
3. 导线间的几何均距d_j：6~20kV为1.25m，35~110kV为3m，功率因数$\cos\varphi=0.85$。

上表给出了合理输送距离和功率，但都是在一定条件下得出的结论，仅作参考使用。实际设计中需要结合实际参数和当地要求及习惯进行设计。

需考虑的因素有实际线路允许最大容量、实际线路剩余容量、电缆和架空线的截面、电压降要求等。例如，表2注1中提到6~20kV电缆数据是按截面240mm^2，电压损失不超过5%这个条件下给出的合理输送距离和功率。当电缆截面更大，载流量更大时，可以输送更大功率或更远距离。如果电压损失允许值更大，或供电距离更短，线路允许输送容量就可以更大一些。

例如，电压等级为10kV，电缆选择300mm^2，载流量按600A来计算，则线路允许输送容量为10×600×1.732kV·A=10392kV·A。仅从载流量方面考虑，只要输送距离近一些或允许电压降大一些，以达到10000kV·A。而且这个负荷容量是计算负荷，即安装容量，对于住宅类同时系数较低的负荷，输送容量还可达20000kV·A。只是实际中各地一般不允许输送这么大的容量，通常最大允许容量为8000~12000kV·A。

2. 如何确定是否设置开闭站？

开闭站又称开闭所、开关站，也就是常说的高压配电所，其主要用于分配电能，并不改变电压等级，所内无变压器（个别有所用变压器）。开闭站的设置一般考虑两个因素：一是供电半径，若负荷太分散，则变压器较多，变压器的数量决定了开闭站的数量；二是供电容量，10kV/0.4kV变压器单台容量有上限，民用建筑用变压器单台容量一般最大达到2000~2500kV·A，有时这个容量值还会受到限制，尤其是住宅项目，不少地方限制单台容量最大800kV·A甚至630kV·A，个别地方可能还更小，当负荷较为集中时，容量大小决定了变压器的数量，从而决定了开闭站的数量。开闭站本身容量和进出线数量也有限，旧版规范（GB 50293—1999）曾经要求不宜超过15000kV·A。6~10台变压器可设置一个开闭站。

低压供电半径不宜超过 200~250 m，末端不宜超过 30~50 m。供电半径与诸多因素有关，包括导线载流量、导体截面、灵敏度、热稳定、动稳定、压降、机械强度、配电级数、保护级数、有色金属消耗、经济电流密度、泄漏电流和选择性等。

有些场所空间有限，常采用环网柜代替开闭站，类似箱式变电站代替变电所。

3. 如何确定变压器主进断路器参数？

主进断路器的长延时整定是按计算电流或者额定电流整定，还是其他因素？需要考虑哪些内容？

变压器主进断路器长延时整定的选择：

为使变压器容量得到充分利用而又不影响变压器的寿命，变压器低压侧主断路器过负荷整定应与变压器允许的正常过负荷相适应，长延时过电流脱扣器整定电流宜等于或接近变压器低压侧额定电流。

从表 3（摘自《配四》第 315 页）、表 4（摘自《配四》第 82 页）来看，当需要考虑一定过负荷或者转移负荷，整定电流可按 1.3 倍额定电流选取。

注意高压电器与低压电器有明显区别。低压电器是开关保护导线，高压电器不是按开关额定电流选择导线。如高压断路器常见额定电流为 630 A 和 1250 A，导线载流量一般明显小于这个值，其保护通常由综合保护装置来完成。

表 3　回路持续工作电流

回路名称		计算工作电流	说明
出线	带电抗器出线	电抗器的额定电流	
	单回路	线路最大负荷电流	包括线路损耗与事故时转移过来的负荷
	双回路	1.2~2 倍一回线的正常最大负荷电流	包括线路损耗与事故时转移过来的负荷
	环形与一台半断路器接线回路	两个相邻回路正常负荷电流	考虑断路器事故或检修时，一个回路加另一最大回路负荷电流的可能性
	桥形接线	最大元件负荷电流	桥回路还应考虑系统穿越功率
变压器回路		1.05 倍变压器额定电流	（1）根据变压器回路在 0.95 额定电压以上时其容量不变 （2）带负荷调压变压器应按变压器的最大工作电流计算

（续）

回路名称	计算工作电流	说明
变压器回路	1.3~2.0倍变压器额定电流	若要求承担另一台变压器事故或检修时转移的负荷，应考虑变压器允许的过负荷时间
母线联络回路	一个最大电流元件的计算电流	
母线分段回路	分段电抗器额定电流	（1）考虑电源元件事故跳闸后仍能保证该段母线负荷工作 （2）分段电抗器的额定电流在一般发电厂中为最大一台发电机额定电流的60%~80%，变电站应满足用户的一级负荷和大部分二级负荷工作
旁路回路	需旁路的回路最大额定电流	
发电机回路	1.05倍发电机额定电流	当发电机冷却气体温度低于额定值时，允许提高电流为每低1℃增加0.5%，必要时可按此计算
电动机回路	电动机的额定电流	

很多时候要求变压器负荷率为60%~70%的意义何在？主要是考虑一带二的情况。即当一台变压器故障或检修时，一台变压器带两台变压器所有负荷，或适当切除一些非重要负荷。当不考虑一带二，仅按规范要求考虑故障或检修时满足一、二级负荷，负荷率可取75%~85%。

例如，1000kV·A的变压器，低压侧额定电流为1443A，断路器额定电流整定在多大？1500A？1600A？还是2000A？这三个数字分别对应了1.05、1.1、1.3倍额定电流。如何正确理解和应用？

干式变压器过负荷承受能力，在额定电流的120%情况下的允许持续时间不能超过60min，过电流整定值不宜设得太大，以免变压器发热。根据厂家提供的过负荷曲线，一般干式变压器事故过负荷能力如下：

过负荷倍数	1.2	1.3	1.4	1.5	1.6
允许持续时间/min	60	45	32	18	5

超出以上时间可能会造成绝缘的过热老化，甚至烧毁。变压器型号不同，其过负荷能力也有一定差别，但差得不太多。变压器测温装置测得的温度不是变压器绕组的温度，所以不能反映绝缘受热的最高温度。

变压器低压侧选择主进断路器，要注意和变压器过负荷能力相适应，既要能保护变压器，又要根据实际情况（当需要充分利用变压器容量时）接近过负荷能力。例如，变压器过负荷能力是1.3倍，而主进断路器是按1.1倍选择的，那么就有20%的过负荷能力无法充分利用；反之，变压器过负荷能力是1.1倍，而主进断路器是按1.1倍选择的，那么当过负荷在1.1~1.3倍之间时，可能无法保护而导致故障。

表 4　10(6)kV/0.4kV 变电站高、低压电器及母线规格

接线图	编号	名　　称	电压/kV	变压器额定容量/kV·A									
				315	400	500	430	800	1000	1250	1600	2000	2500
		变压器额定电流/A	10	18.2	23	29	36.4	46.2	57.7	72.2	92.4	115.6	144.5
			6	30.3	38.5	48.1	60.6	77	96.2	120.3	154	102.7	240.8
			0.4	455	577	722	909	1155	1443	1804	2300	2890	3613
		变压器低压侧短路电流(Dyn11 连接)干式/油浸式/kA		11.55/11.54	14.66/14.65	18.31/18.3	23.07/20.59	19.81/26.08	24.75/32.55	30.93/40.7	39.59/52.08	49.47/58.85	61.82/67.15
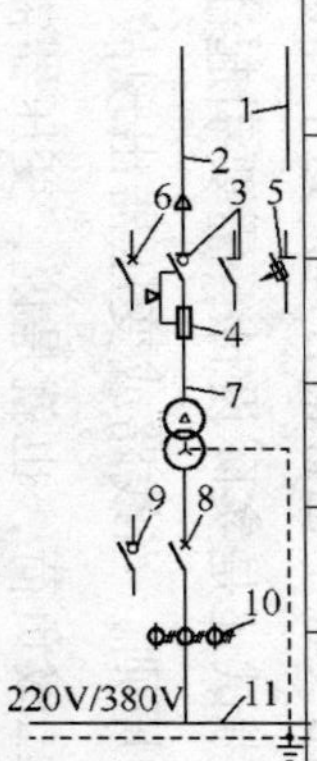	1	架空引入线/mm^2	10	接户线 LJ 型导线的截面≥25							≥35	≥35	≥50
			6	接户线 LJ 型导线的截面≥25						≥35	≥50	≥70	≥3×95
	2	铜芯电缆引入线/mm^3	10	≥3×25							≥2×50	≥3×70	≥3×95
			6	≥3×25						≥3×50	≥3×70	≥3×95	≥3×150
	3	隔离开关或负荷开关	10	隔离开关，户内高压负荷隔离开关 400 A；户内高压真空负荷开关或户内高压六氟化硫负荷开关 400 A					户内高压真空负荷开关或高压六氟化硫负荷开关 630 A				
			6										
	4	XRNT-12 及 HH 型熔断器熔管电流/熔丝电缆/A	10	50/31.5	50/40	100/50	100/63	100/80	100/100	160/125			
			6	100/50	100/63	100/80	100/100	160/125					
	5	HRW4 型跌落式熔管电流/熔丝电流/A	10	50/40	50/50		100/73						
			6	50/40	100/75		100/100						
	6	高压断路器	10	额定电流 630~1250 A；额定短路开断电流 25~31.5 kA；额定热稳定电流（有效值）25~31.5 kA									
			6										
	7	高压母线/(mm×mm)	10	TMY-50×50									
			6										
	8	低压主进断路器额定电流/A	0.4	630	800	1000	1250	1600	2000	2500	2900	3600	4000
		低压主进断路器短路分断能力/kA		50	50	50	50	50	80	80	100	100	100
	9	低压隔离开关/A	0.4	1000			2000			3150		4000	
	10	电流互感器/A	0.4	600/5	800/5	1000/5	1500/5	1500/5	2000/5	3000/5	3000/5	4000/5	5000/5
	11	低压相母线/(mm×mm) TMY	0.4	40×4	50×5	50×6.3	80×6.3	80×8	100×8	125×8	2(100×8)	2(125×8)	2(125×10)
		低压相母线/(mm×mm) LMY		50×5	50×6.3	80×6.3	80×8	80×8	100×8	125×10	2(100×8)	2(100×10)	2(125×10)

注：1. 高、低压电器及导体规格仅满足温升条件，选择的其他条件见相关规定。
2. 配电用变压器的容量远小于系统容量，变压器低压侧短路电流及低压主进断路器短路分断能力按照系统短路容量无穷大考虑，短路电流周期分量不衰减。
3. 高压电器设备的短路电流动稳定、热稳定校验见相关规定。
4. 当有大量电动机时应核算其反馈电流。

一般民用多用干式变压器，工业多用油浸式变压器。油浸式变压器结实耐用，物美价廉，过负荷能力强，一般为1.3，有时也可达到2（需要结合实际产品性能和应用环境）。这就是《电力工程电气设计手册（电气一次部分）》中油浸式变压器过负荷能力为1.3~2的由来。如果是民用1000kV·A的变压器，按1500~1600A选择主断路器没有问题。《工业与民用供配电设计手册（第三版）》（以下简称《配三》）的第11章中也是建议采用1500A主断路器。

另外，变压器绝缘等级分为A、E、B、F、H、C。一般不宜低于F级。绝缘等级不同，过负荷能力、过负荷曲线也不同。

有时候变压器的散热不好，还需要考虑一定的降容。

有时候主断路器额定电流可能和变压器额定电流非常接近，甚至小于变压器额定电流或者按计算电流来选择，这些都不强制，需要结合实际情况来考虑。

4. 如何确定五星级酒店负荷等级？

旅游饭店的负荷等级确定见表5。

表5 旅游饭店的负荷等级确定

建筑物名称	用电负荷名称	负荷级别
旅游饭店	四星级以上旅游饭店的经营及设备管理用计算机系统用电	一级
	四星级及以上旅游饭店的宴会厅、餐厅、厨房、康乐设施、门厅及高级客房、主要通道等场所的照明用电，厨房、排污泵、生活水泵、主要客梯用电，计算机、电话、电声和录像设备、新闻摄影用电	一级
	三星级旅游饭店的宴会厅、餐厅、厨房、康乐设施、门厅及高级客房、主要通道等场所的照明用电，厨房、排污泵、生活水泵、主要客梯用电，计算机、电话、电声和录像设备、新闻摄影用电，除上栏所述之外的四星级以上旅游饭店的其他用电	二级

表5是《民用建筑电气设计规范》附录A的内容，一级负荷直接对照执行即可。值得注意的是，表5中提到除上栏所述之外的四星级以上旅游饭店的其他用电划分为二级负荷，按照这个划分，五星级酒店没有三级负荷。毕竟五星级酒店属于高端场所，电气设施比较奢华也合情合理。这个知识点是注册电气工程师考试某年的一个考点，无论是考试还是实际设计，需要引起注意。负荷等级与选择变压器有直接关系，根据N-1原则，当线路或变压器出现故障时，需要保证一、二级负荷，而所有负荷都是一、二级负荷，也就是说，变压器需要带所有负荷。

五星级酒店所有负荷都是重要负荷，则需要考虑选择性，即上下级保护的配合问题。

若实际设计中没有注意到这一点，把很多普通用电当作三级负荷，那么图样画完之后，如何快速修改？

非消防配电不强制末端切换，所以负荷等级不同对于末端和干线配电没有明确影响，只是对于变压器容量有一定影响，而负荷计算又是非常灵活的，仅需适当调整系数即可。一般五星级酒店规模不会太小，至少有四台变压器。考虑 $N-1$ 原则，变压器本身有负荷率，系数可以调整，只需要调整系数即可满足要求。如某项目有 2×2000 kV·A+2×1000 kV·A 四台变压器，即使一台 2000 kV·A 的变压器退出运行，4000 kV·A 变压器承接原 6000 kV·A 变压器所带的所有负荷，负荷率不太高，即 70%~80%，按 75%计算，则 75%×6000 kV·A = 4500 kV·A，比 4000 kV·A 高一点，将原系数 0.6 改为 0.5，那么 4500×0.5/0.6 kV·A = 3750 kV·A<4000 kV·A，满足要求，即修改完成。

5. 负荷计算需要注意哪些问题？

负荷计算需要注意负荷类型、持续率、导体的截面和种类、导体的发热时间常数和计算范围等。

关于负荷计算，从变配电室到末端都有涉及。如五星级酒店整体指标可以取 80~120 V·A/m^2。除地库外，各个干线及末端往往高于这个整体指标。各个干线，层箱取需要系数时，需要注意所带负荷的范围和指标。整体按指标为 100 V·A/m^2 系数取 0.8 和指标为 80 V·A/m^2 系数取 1，其结果没有差异，都是 80 V·A/m^2。局部有需要时可尽量取大，整体系数适当取小，最终用整体的指标来复核。局部出现指标较高的概率较大，整体指标相对比较固定。

需要注意，大功率的用电设备尽量靠近变配电室。因为其需要考虑的因素较多，尽量避免远离变配电室，否则后期各种校验很难周全。

比如宾馆内标间到底取 2 kW 还是 4 kW？

这个问题的关键在于标间内配电箱的开关导线，一般至少是 25 A 开关配 3×4 mm^2 甚至 3×6 mm^2 的线，至少可以带 5 kW 负荷，这是计算负荷，也就是长期负荷，短时间（持续时间不超 30 min）内负荷值可以更大。

需注意两点，一个是标注或给定的值，并非实际值，实际值是由开关导线来确定的，实际负荷能力是一个客观实际，与人为标注多大功率无直接关系；另一个是计算负荷的含义需要正确理解，不是简单地直接相加，也不是简单地看成同时性，而是指导体的发热情况与过热直接相关，而不是过电流。过热是过电流持续积累的一个过程。过电流本身不会直接造成绝缘损坏，是过电流持续一定时间温度超过允许值才造成损坏。

又如住宅，经常有人说规范里要求每户负荷3~4kW太小了，根本不够用。这里考虑两个方面：第一，规范只是最低要求，可根据实际或当地要求提高指标；第二，是否正确理解了每户负荷的含义。

举个简单例子，住宅进线最小为10mm^2，一般配32A或40A开关，实际每户能用最大容量为7~8kW，短时间内带10~12kW甚至更大也没问题，与人为给定的3~4kW无关。每户按4kW还是5kW，有很大区别吗？其实未必！例如共有200户，按4kW考虑，变压器系数取0.5，按5kW考虑，变压器系数取0.4，效果完全一样，计算负荷都是400kW。这些需要系数都是经验值，各地有差异，规范中仅供参考。各地通常会对变压器的系数规定最小值。对于需要系数明确了最小值的情况下，末端标注的功率值要大一些，变压器的计算负荷相应会大一些，这个就需要设计人员灵活掌握了，当出于某种需要末端标注的功率较小时，也不必过于担心，不是设计的5kW，接上两个3kW就超负荷了，正常使用即可，即使过负荷，还有开关的过负荷保护，不会造成烧线等事故。

不过设计时要注意，随着生活水平提高，用电负荷越来越大，不能盲目相信过旧的规范和手册，比较新的也不能一味照抄，但也不能盲目随意提高用电量，应结合当时同类项目实际运行情况。

住宅的面积指标各地差异也较大，《住宅建筑电气设计规范》（JGJ 242—2011）是行业标准，全国适用。以下是国家标准和某些地方标准的要求：

1）每套住宅的用电负荷和电能表的选择不宜低于表6的规定。

表6　每套住宅的用电负荷和电能表的选择

套型	建筑面积 S/m^2	用电负荷/kW	电能表（单相）/A
A	$S \leq 60$	3	5（20）
B	$60 < S \leq 90$	4	10（40）
C	$90 < S \leq 150$	6	10（40）

2）当每套住宅建筑面积大于150m^{2}时，超出的建筑面积可按40~50W/m^{2}计算用电负荷。

根据上海市住宅设计标准，上海用电负荷有8kW、12kW、16kW三种基本情况。

3）每套住宅用电负荷计算功率不应小于表7的规定。

表 7　用电负荷计算功率

建筑面积 S/m^2	用电负荷计算功率/kW
$S \leqslant 120$	8
$120<S \leqslant 150$	12
$S>150$	每户总建筑面积，按 $80\,W/m^2$ 计算

天津市住宅设计标准如下：

1）每套住宅的用电负荷不应小于 4 kW。

条文说明：依据每套住宅一般所需的电气设备，如空调、电热水器、电厨具、照明等用电负荷，规定用电负荷不低于 4 kW。底层商业网点的供电，在确定其用电容量时，按照其装接的用电设备总容量计算；在不确定其用电容量时，按照不应低于 $50\,W/m^2$（建筑面积）计算其设备装接容量。

2）每套住宅套内建筑面积大于 $80\,m^2$ 时，可按 $50\,W/m^2$ 计算用电负荷。电能计量表规格根据负荷确定。

天津市电力公司文件《津电生技（2011）66 号》规定如下：

新建居住区以居民用电为主的公用配电变压器最终装接容量，按建筑面积 $50\,W/m^2$ 确定，底商、保安电源（电梯、泵房、消防设施、事故照明等）按照设备装接容量计算，其他负荷密度指标见表 8，新建配电变压器考虑同时系数和需求系数进行加权计算。装接设备不明确时，其负荷密度按照建筑面积 $50 \sim 80\,W/m^2$ 计算。公建部分总装接容量不超过 160 kW 时，可采用 0.4 kV 供电，超过 160 kW 时，客户需建专用变电室供电。

表 8　用电负荷密度指标

用地性质	用电负荷密度指标/(W/m^2)
一类居住用地	55
二类居住用地	50
中小学、幼儿园用地	40
行政办公用地	60
商业服务设施用地	80
文化娱乐用地	60
医疗卫生用地	60
教育科研设计用地	50
其他公共设施用地	50
混合用地	55
一类工业用地	50

初建变压器容量配置系数考虑小区配套设施容量比例因素时可选择 0.5~0.8，居民用电为主时推荐选择 0.6。

天津市各类居住项目，规划单位建筑面积电力综合负荷密度指标如下：

1）综合负荷密度指标

多层建筑（6 层以下）：50 W/m^2。

设置电梯的多层建筑（6 层以下）：65 W/m^2。

中高层建筑（7 层以上 12 层以下）：70 W/m^2。

高层建筑（主体高度大于 24 m，小于 100 m）：80 W/m^2。

超高层建筑（主体高度大于 100 m）：根据实际负荷需要计算。

2）各类民用居住项目的规划范围内，当小型商业、公建和配套设施等负荷密度有可能超出规定值，且规划期间难以确定时，在选择配电站数量和计算变压器最终装建容量时，可在上述综合负荷密度指标的基础上增加 20%计算裕度。待施工阶段确定后，在符合规划的基础上可以向下微调。

6. 如何确定变电站数量？

设置变电站需要考虑变电站容量、半径、地方要求、单台变压器最大容量和每个站最大台数等。

如果负荷为 10000 kW，如何确定变电站，选择几台多大容量的变压器？实际设计中并不是这么简单，需要结合各地实际来考虑，各地标准之间存在差异，有时差距还比较大，所以以上条件所能确定的结果不是确定的值。假设 10000 kW 是计算负荷，但电气负荷分配不是简单的数学上的加减乘除。计算负荷 10000 kW 不一定等于 5000 kW 乘以 2，与 1000 kW 乘以 10 可能差得更远。同时需要考虑消防负荷，一、二级负荷，负荷率，变电站数量、容量、供电半径等因素。

一般低压供电半径不宜超过 200~250 m，各地执行尺度不同，有的地方严格执行，有的地方比较宽松。单台变压器最大容量和每个站变压器最多数量各地也不同。无明确要求的地域可以根据实际，选择 2000~2500 kV·A 的变压器。如天津，公用变压器单台容量一般不超过 800 kV·A，个别情况下不超过 1000 kV·A，每个站不超过 4 台，专用变压器要求低一些。江苏对变电站的要求与天津接近，但住宅指标比天津高。

变压器单台容量与数量，需要结合负荷计算来确定。

例如住宅，每单元 30 户（系数可以取 0.6），每栋楼 60 户（系数可以取 0.5），变压器 240 户（系数可以取 0.4）。系数是根据实际的户数来选择的。

住宅建筑采用表 6 中的用电负荷量进行单位指标法计算时，还应结合实际工程情况乘以需要系数。住宅建筑用电负荷需要系数的取值可参见表 9。

表 10 中的需要系数值给出一个范围，供设计人员参考使用。住宅建筑因受地理环境、居住人群、生活习惯、入住率等因素影响，需要系数很难是一个固定值，设计人员取值时应考虑当地实际工程状况。

表 9　住宅建筑用电负荷需要系数选择表

按单相配电计算时所连接的基本户数	按三相配电计算时所连接的基本户数	需要系数	
		通用值	推荐值
3	9	1	1
4	12	0.95	0.95
6	18	0.75	0.80
8	24	0.66	0.70
10	30	0.58	0.65
12	36	0.50	0.60
14	42	0.48	0.55
16	48	0.47	0.55
18	54	0.45	0.50
21	63	0.43	0.50
24	72	0.41	0.45
25~100	75~300	0.40	0.45
125~200	375~600	0.33	0.35
260~300	780~900	0.26	0.30

注：1. 表中通用值是目前采用的住宅需用系数值，推荐值是为计算方便而提出的，仅供参考。

2. 住宅的公用照明及公用电力负荷需要系数，一般可按 0.8 选取。

典型实例：变压器选择，共计 900 户，三相配电系数为 0.26，每户取 6kW，计算负荷为 900×6×0.26kW＝1404kW，按功率因数为 0.9，负荷率不宜超过 85%来考虑，则变压器容量选择 1404/0.9/0.85kV·A＝1835kV·A，取 2000kV·A。

如果是一台变压器，选择 2000kV·A 的变压器没有问题。但是有些地区对单台最大容量有限制（例如，天津公用变压器单台变量不允许超过 1000kV·A，每个变配电室最多设置 4 台变压器），此时只能选择两台变压器，那么选择多大容量？两台 1000kV·A？注意此时 2000kV·A 不一定等于两个 1000kV·A，应该说是大于或等于。

如果选择两台变压器，则每台变压器带 450 户，需要系数为 0.30~0.40。可取 0.35 或 0.40。以 0.35 来计算，计算负荷为 450×6×0.35kW＝945kW，按功率因数为0.9，负荷率不宜超过85%来考虑，则变压器容量选择945/0.9/0.85kV·A=1235kV·A，取1250kV·A。当要求最大单台容量不超过1600kV·A时，900户住宅需要选择两台1250kV·A变压器。当要求最大单台容量不超过1000kV·A时，900户住宅需要选择两台1250kV·A变压器，已经大于1000kV·A，不符合要求，需要三台变压器。

若选择三台变压器，则每台变压器带300户（查表10，75~300户需要系数取0.40~0.45，户数是上限，则需要系数就取下限），需要系数取0.40，计算负荷为300×6×0.40kW=720kW，按功率因数为0.9，负荷率不宜超过85%来考虑，则变压器容量选择720/0.9/0.85kV·A=941kV·A，取1000kV·A。

通过以上计算可知，900户住宅按三相配电，每户负荷为6kW，变压器计算和选择根据最大单台容量不同要求有这样几种结果：1台2000kV·A，2台1250kV·A，3台1000kV·A。注意：如果先按900户计算出2000kV·A，然后选择两台2×1000kV·A或者四台4×500kV·A是错误的，因为需要系数不同。

以上只是基本原理和基本方法介绍，实际中同样100m²住宅，江苏、上海等地指标高，高的达到低的2~3倍，同时变压器系数也有要求，往往不允许太低，一般各地要求不允许低于0.45（各地有一定差异，有的地方要求高一些），这样变压器总容量就会大很多。

仍然按上面例子的基本条件来计算，10万m²小区，共计900户，按一户100m²计算。如按某地指标，每户负荷为12kW，变压器系数最小取0.5，单台变压器最大容量为800kV·A，单个变电站最多四台变压器。

计算容量为900×12×0.5/0.9kV·A=6000kV·A，考虑负荷率不超过85%，计算容量为6000/85%kV·A=7058kV·A，单台变压器最大容量为800kV·A，则选择7058/800台=8.8台变压器。如此来看，2个变电站最多8台800kV·A变压器，还不够，至少需要3个站。

而在某地无明确要求，允许用2000kV·A变压器，指标按规范要求，10万m²小区，一台2000kV·A变压器就够了，20万m²，两台也就够了，从容量角度考虑只需设置一个变电站。供电半径有的地方也不严格。由此可见，各地差异极大，实际项目中必须结合当地要求来设计。

对于住宅项目，地方性极强。如40万m²小区，有的地方1~2个变电站即可，有的地方需8~10个变电站。

对于公建项目，电力公司只管高压部分，所以低压部分极少限制。一般对变压器容量限制较小，对供电半径要求也低，因此设计时更加灵活，更能体现设计水平。用电指标、负荷计算、变压器容量计算和选择、开关导线选择、变电站面积、变电站层高和排布等都比较灵活但不失通用规律，地方差异较小。

7. 限定面积和负荷之后如何确定变电站的平面及系统？

工程概况：

某综合办公楼计算负荷为 1200 kW，用电设备主要有照明（含办公用电，约 400 kW）、中央空调（约 600 kW）、消防设备、客梯、弱电设备等（见图 1）。

要求：

1）在有限的建筑空间内，布置出最合理的电房平面设备布置图（高压、低压、变压器房均独立房间，标注出变压器、配电柜的基本设计参数）。

2）绘制出简单的变配电接线示意图（能体现出变压器、电房内低压柜的关系，不同负荷等级的供电情况）。

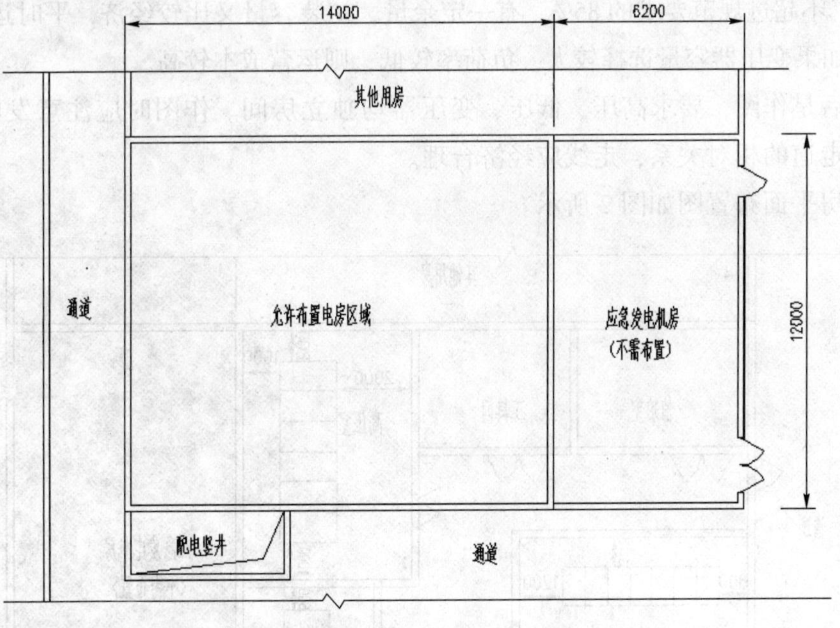

图 1　某综合办公楼电房平面图（单位：mm）

这是某房地产公司设计部门的一道笔试题目，限时 3h 完成，这里考查的内容非常多，而且具有综合性，答案不唯一，但是很容易考查出答题人的水平。面试者需要从有限的条件中找出诸多隐含条件，再根据规范和经验来解答。

设计院的人看到这个题目，第一印象可能会认为这道题没给负荷等级，且没有说明几路高压进线，使用几台变压器。这是甲方的面试题，倘若这些都确定了，那剩下的事情就是设计院的，正是这些不确定的条件才需要甲方来确定。在满足规范的情况下，如何能控制造价，这是甲方非常关心的。

首先给出计算负荷1200 kW，一是节省时间，避免面试者把时间浪费到简单的纯理论的负荷计算，二是避免弄错出题人的意图。题目故意没有给出负荷等级，但是可以通过经验判断出应为一二级负荷。根据办公楼面积来看，肯定能布置下两台变压器，楼内又有600 kW空调，属于季节性负荷，不用空调的季节可以停一台变压器，降低损耗，从而降低运营成本（大的地产公司都有自己的物业，所以不仅要节约初期投资，运营成本也要考虑），由此判断需要设置两台变压器。消防、客梯、弱电设备等一二级负荷为200 kW，容量不大，图中显示有应急发电机房，因此一路高压完全可以满足规范要求（多一路高压，造价非常高）。

方案确定之后，剩下就是常规的设计院制图了。每台变压器带600 kW计算负荷，选择多大变压器？容量计算：600/0.9/0.85 kV · A = 784 kV · A（变压器低压侧有无功补偿，要求功率因数不低于0.9，此处功率因数取0.9，负荷率不宜超过85%），取800 kV · A。负荷率为600/0.9/800×100% = 83.3%，800 kV · A变压器负荷率为83.3%，不超过规范要求的85%，有一定余量，初装容量又比较经济，平时运行损耗较低。如果变压器容量选择较大，负荷率较低，则运营成本较高。

最后是作图，要求高压、低压、变压器均独立房间。作图时应注意发电机房、电井、走道的相对关系，走线应经济合理。

电房平面布置图如图2所示。

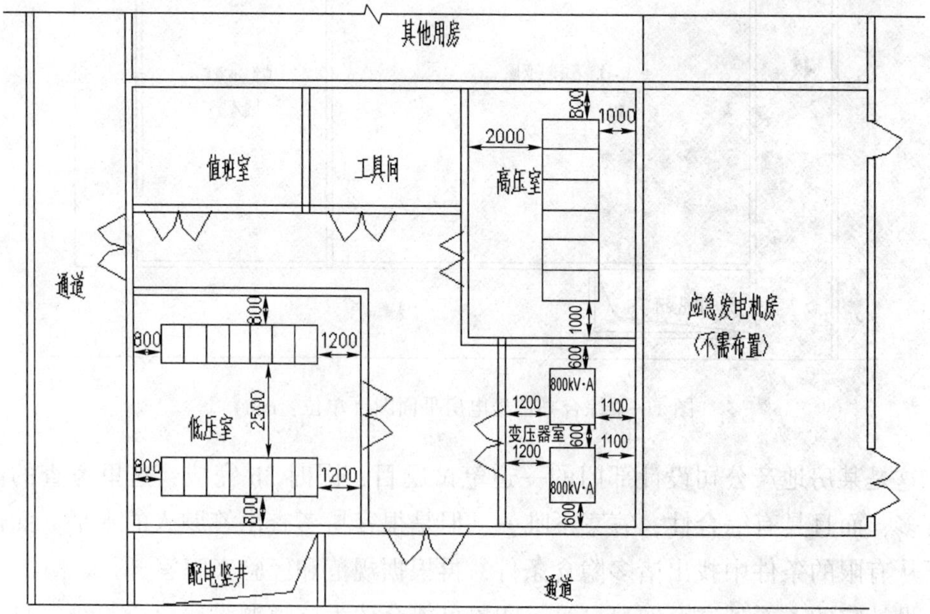

图2 电房平面布置图

拟选两台 800 kV · A 变压器，一路高压进线，因为有发电机，可满足一级负荷要求。弱电设备和应急照明切换时间要求发电机达不到，需另外设置 UPS 和 EPS 或应急灯自带蓄电池。

一台变压器带空调，空调为季节性负荷，不用空调的季节可停一台变压器，有利于节能。两台变压器设置低压联络，当变压器检修或故障时，能保证重要负荷。

1 号变压器带空调 600 kW，2 号变压器带 400 kW 照明及办公用电、非消防一二级负荷主电源，消防负荷和非消防负荷分别在两段母线。

发电机带两段母线，消防和非消防一二级负荷分母线布置，末端互投。

发电机为备用电源，和 2 号变压器低压联络。

电房平面设备布置及说明如图 3 所示。

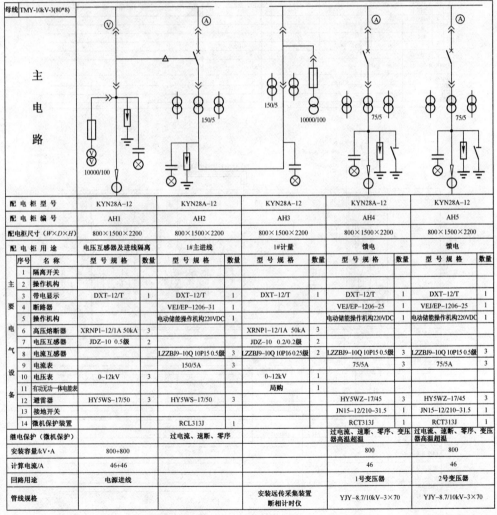

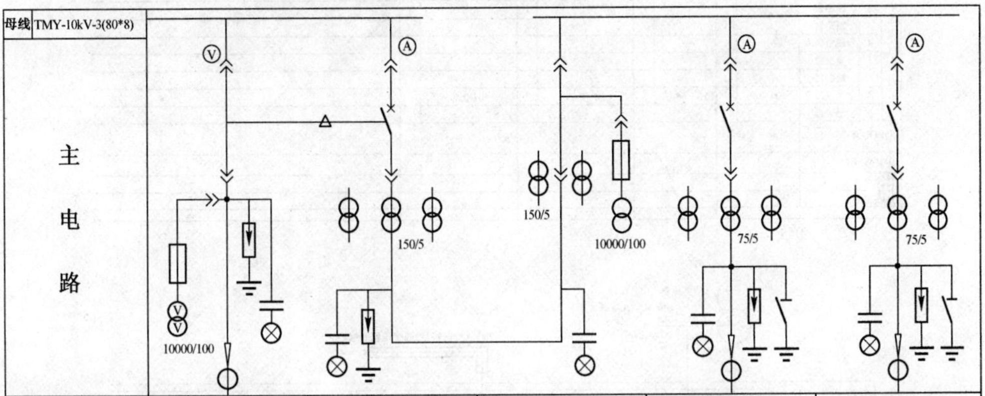

配电柜型号			KYN28A-12		KYN28A-12		KYN28A-12		KYN28A-12		KYN28A-12	
配电柜编号			AH1		AH2		AH3		AH4		AH5	
配电柜尺寸（$W \times D \times H$）			800×1500×2200		800×1500×2200		800×1500×2200		800×1500×2200		800×1500×2200	
配电柜用途			电压互感器及进线隔离		1#主进线		1#计量		馈电		馈电	
主要电气设备	序号	名称	型号规格	数量	型号规格	数量	型号规格	数量	型号规格	数量	型号规格	数量
	1	隔离开关										
	2	操作机构										
	3	带电显示	DXT-12/T	1	DXT-12/T	1	DXT-12/T	1	DXT-12/T	1	DXT-12/T	1
	4	断路器			VEJ/EP-1206-31	1			VEJ/EP-1206-25	1	VEJ/EP-1206-25	1
	5	操作机构			电动储能操作机构220VDC	1			电动储能操作机构220VDC	1	电动储能操作机构220VDC	1
	6	高压熔断器	XRNP1-12/1A 50kA	3			XRNP1-12/1A 50kA	3				
	7	电压互感器	JDZ-10 0.5级	2			JDZ-10 0.2/0.2级	2				
	8	电流互感器			LZZBJ9-10Q 10P15 0.5级	3	LZZBJ9-10Q 10P16 0.25级	2	LZZBJ9-10Q 10P15 0.5级	3	LZZBJ9-10Q 10P15 0.5级	3
	9	电流表			150/5A	3			75/5A	3	75/5A	3
	10	电压表	0~12kV	3			0~12kV	1				
	11	有功无功一体电能表					局购	1				
	12	避雷器	HY5WS-17/50	3	HY5WS-17/50	3			HY5WZ-17/45	3	HY5WZ-17/45	3
	13	接地开关							JN15-12/210-31.5	1	JN15-12/210-31.5	1
	14	微机保护装置			RCL313J	1			RCT313J	1	RCT313J	1
继电保护（微机保护）					过电流、速断、零序				过电流、速断、零序、变压器高温超温		过电流、速断、零序、变压器高温超温	
安装容量/kV·A			800+800						800		800	
计算电流/A			46+46						46		46	
回路用途			电源进线						1号变压器		2号变压器	
管线规格							安装远传采集装置 断相计时仪		YJY-8.7/10kV-3×70		YJY-8.7/10kV-3×70	

a)

图 3 电房平面设备布置及说明

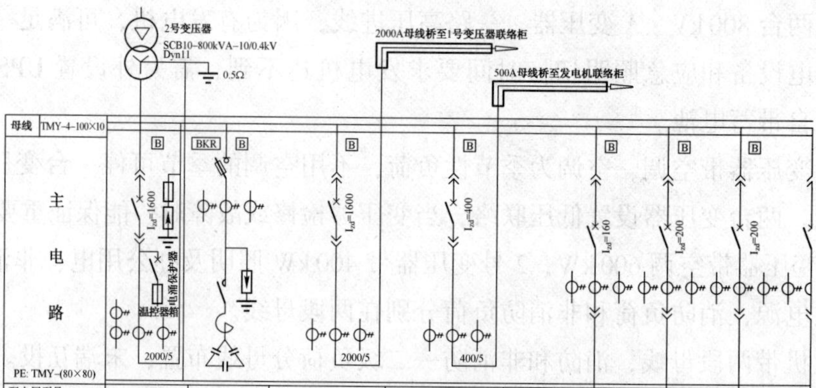

	序号	名称	型号规格	数量	型号规格	数量	数量型号规格	数量	数量型号规格	数量
配电屏型号			MNS		MNS		MNS		MNS	
配电屏尺寸（W×D×H）			800×1000×2200		800×1000×2200		800×1000×2200		800×1000×2200	
配电屏编号			Ⅱ-AA1		Ⅱ-AA2		Ⅱ-AA3		Ⅱ-AA3	
配电屏用途			进线		电容补偿		联络		联络	
主要电气设备	1	刀开关			QSA-630	1				
	2	断路器	B3H32 R1 600 PR122/P	1			B3H32 R1 600 PR122/P	1	B3H32 R1 600 PR122/P	1
	3	断路器		1						
	4	智能数显表		1		1		1		1
	5	接触器								
	6	熔断器		1						
	7	电流互感器	BH-0.66	4	BH-0.66-500	3	BH-0.66	3	BH-0.66	3
	8	电容器								
回路用途			进线							
安装容量/kW					MVG+240kvar P7/400					
计算电流/A										
回路编号										

b)

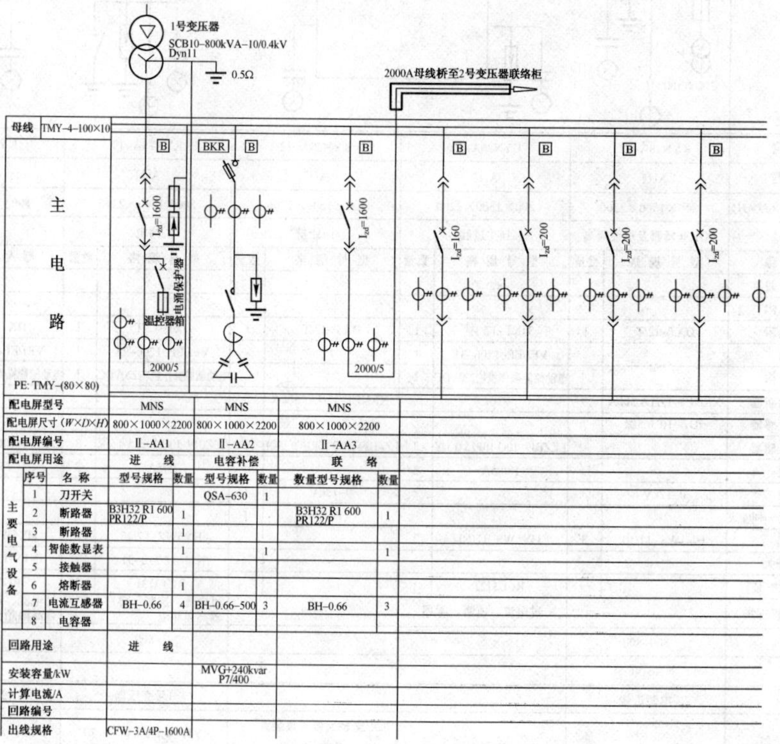

	序号	名称	型号规格	数量	型号规格	数量	数量型号规格	数量
配电屏型号			MNS		MNS		MNS	
配电屏尺寸（W×D×H）			800×1000×2200		800×1000×2200		800×1000×2200	
配电屏编号			Ⅱ-AA1		Ⅱ-AA2		Ⅱ-AA3	
配电屏用途			进线		电容补偿		联络	
主要电气设备	1	刀开关			QSA-630	1		
	2	断路器	B3H32 R1 600 PR122/P	1			B3H32 R1 600 PR122/P	1
	3	断路器		1				
	4	智能数显表		1		1		1
	5	接触器						
	6	熔断器		1				
	7	电流互感器	BH-0.66	4	BH-0.66-500	3	BH-0.66	3
	8	电容器						
回路用途			进线					
安装容量/kW					MVG+240kvar P7/400			
计算电流/A								
回路编号								
出线规格			CFW-3A/4P-1600A					

c)

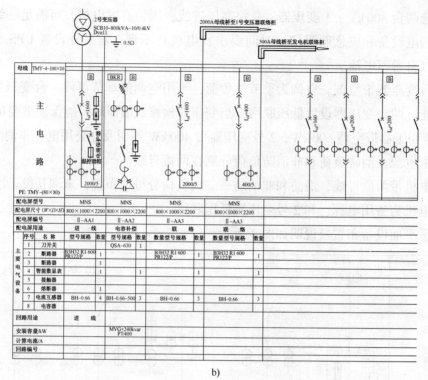

图3 电房平面设备布置及说明（续）

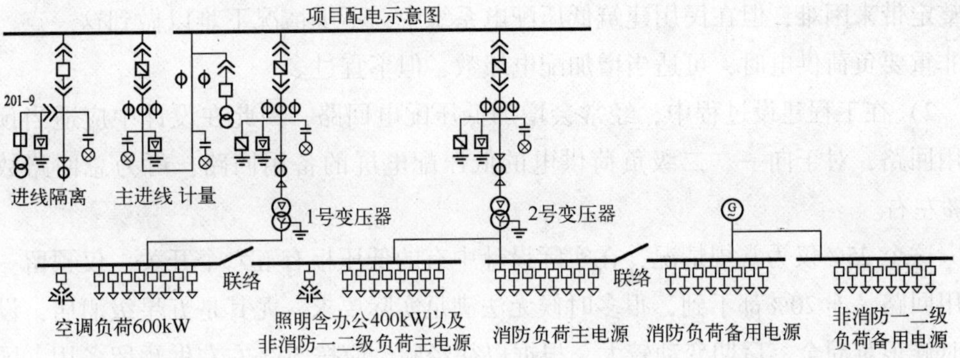

注：1. 进线开关三段保护，整定值如下：

L（长延时）：$I_1=1.3I_e$；　　S（短延时）：$I_2=3.5I_e$，$t_1=0.3$s；

I：$I_3=8I_e$，瞬时（关闭）。

2. 母联开关三段保护，整定值如下：

L（长延时）：$I_1=0.75\times1.3I_e$；　　S（短延时）：$I_2=0.7\times3.5I_e$，$t_2=0.1$s；

I：$I_3=8I_e$，瞬时（关闭）。

3. 馈线开关二段保护，整定值如下：

馈线开关长延时电流定值不大于联络开关长延时电流定值的75%。

馈线开关瞬时保护电流定值不大于2倍变压器额定电流。

4. 配电柜所有400A及以上出线开关都带电子脱扣器。其余采用热磁脱扣器。

5. 电容器柜内加装低压无功自动补偿（复合投切）及运行监测系统。

6. 两个进线开关和联络开关在任何情况下只能同时闭合两个，即"三联二合"。

7. 所有非消防负荷回路（回路编号不带"*"）带分励脱扣装置。

图 4　变配电接线示意图

注意主进、联络、低压馈线的基本原则。一般主进设置 0.3 s 或 0.4 s 短延时，母联设置 0.1 s 或 0.2 s 短延时。低压柜的馈线一般按两段保护，不设置短延时，与下级的选择性按电流选择性和能量选择性相结合来考虑。

8. 变电站低压柜馈出设计应注意哪些问题？

《民用建筑电气设计规范》的 7.1.4 条正文及条文说明如下：

低压配电系统的设计应符合下列规定：

1）变压器二次侧至用电设备之间的低压配电级数不宜超过三级。

2）各级低压配电屏或低压配电箱宜根据发展的可能留有备用回路。

3）由市电引入的低压电源线路，应在电源箱的受电端设置具有隔离作用和保护作用的电器。

4）由本单位配变电所引入的专用回路，在受电端可装设不带保护的开关电器；对于树干式供电系统的配电回路，各受电端均应装设带保护的开关电器。

低压配电系统的设计条文说明如下：

1）低压配电级数不宜超过三级，因为低压配电级数太多将给开关的选择性动作整定带来困难，但在民用建筑低压配电系统中，不少情况下难以做到这一点。当向非重要负荷供电时，可适当增加配电级数，但不宜过多。

2）在工程建设过程中，经常会增加低压配电回路，因此在设计中应适当预留备用回路，对于向一、二级负荷供电的低压配电屏的备用回路，可为总回路数的25%左右。

这个25%仅为常规情况，在实际设计中有的低压柜有五六个开关，仅预留一个备用回路，连20%都不到，很多时候无法满足实际要求。尤其是五星级酒店，设计的时候很难周全，后期变动较大。根据以往经验，应按50%左右做预留备用，同时预留一定空间，方便以后改造中增加低压柜。若预留25%，则后期改造比较麻烦，造价比一次性考虑周到要高，空间等也可能受限制。

选择性基本原则如下：

1）主进-母联-馈线，时间选择性。

2）低压柜馈线-层箱-末端，电流选择性和能量选择性相结合。

时间选择性受制于两点：一是高压侧时间整定往往有限，甚至瞬动；二是即使不考虑高压侧影响或高压侧有充裕时间，若低压侧每级开关都有时间延时，那么变压器附近延时会较长，热稳定不好满足。另外需要对比及时切断故障和选择性哪个更重要，同时需要考虑一定故障概率和产品质量。变配电室低压柜馈线（低压柜出线）及后面各级配电主要按电流选择性，重要负荷考虑能量选择性，非重要负荷尽量考虑但不强制。低压全选择极难实现，规范也未做强制要求，但重要的环节还是需要考虑的。

如果低压都采用时间延时来保证选择性，确实能实现极好的选择性，但会出现以下情况，在低压柜处，短路电流较大，短路时间持续较长，尤其较大变压器，如1600-2000-2500kV·A的变压器，最小出线可能是185-240-300 mm^2，非常不合理。另外，一旦断路器出现故障，可能会造成较大损失，造价也会增加很多倍，所以规范对于选择性未做强制要求。

电流选择性本身存在缺陷，和能量选择性相结合，只能是较好满足，而无法完全满足。

9. 五星级酒店的电梯配电应注意哪些问题？

五星级酒店的电梯配电，是指从变配电室直接到电梯配电箱的接线，如图5所示。

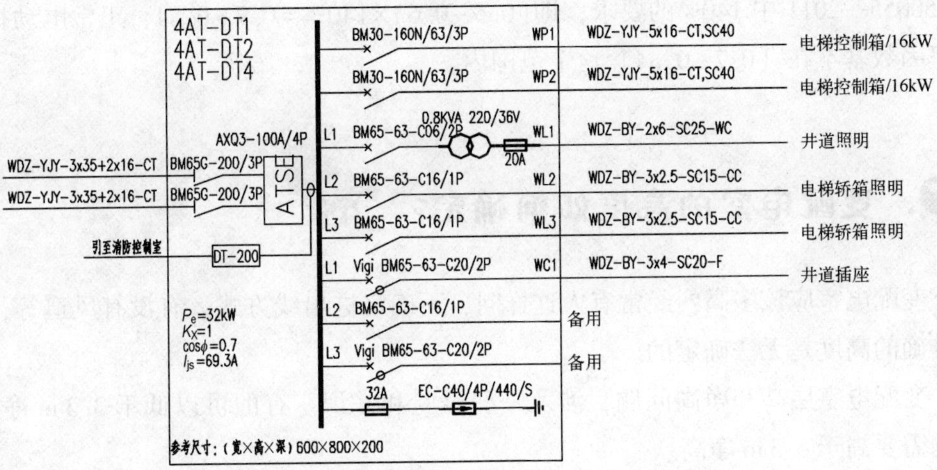

图 5　五星级酒店电梯配电箱接线图

电梯配电箱具有相对复杂而综合的结构，既有较为普通的照明和插座的配电，又有电梯控制箱，电动机、消防电梯平时也用，设计时需要考虑选择性（五星级酒店有时会有非重要负荷）、分断能力（电梯电流往往只有几十安培，但经常选择塑壳断路器）、功率因数（《配三》中给出为 0.5~0.6）、安全电压配电及《通用用电设备配电设计规范》（GB 50055—2011）的特殊要求等。

《低压配电设计规范》（GB 50054—2011）的要求如下：

配电线路装设的上下级保护电器，其动作特性应具有选择性，且各级之间应能协调配合，非重要负荷的保护电器，可采用部分选择或无选择性切断。

《通用用电设备配电设计规范》（GB 50055—2011）的要求如下：

电梯或自动扶梯的供电导线应根据电动机铭牌额定电流及其相应的工作制确定，并应符合下列规定：

1）单台交流电梯供电导线的连续工作载流量应大于其铭牌连续工作制额定电流的 140%或铭牌 0.5 h 或 1 h 工作制额定电流的 90%。

2）单台直流电梯供电导线的连续工作载流量应大于交直流变流器的连续工作制交流额定输入电流的 140%。

3）向多台电梯供电，应计入需要系数。

4）自动扶梯应按连续工作制计。

需要注意在实际设计中，如能确定最终产品，那么参考电梯样本，厂家提出的要求是较准确的。但很多时候设计阶段无法确定，则只能参考《工业与民用配电设计手册》或《建筑电气专业技术措施》等资料，从大量电梯样本来看，电梯的功率因数没那么低，所以《工业与民用配电设计手册》中的功率因数其实已经考虑了

GB 50055—2011 中 140%的要求，即(0.5~0.6)×140%=0.7~0.84，正常电动机的功率因数基本在（0.7~0.84）这个范围内。

10. 变配电室的高度如何确定？

变配电室应该多高？经常有人这样问，不确定进出线方式、有没有风道等，较为准确的高度是无法确定的。

变配电室层高和净高问题，涉及一些经验和常识。有的可以低于 3.3 m 净高，有的需要高于 6.3 m 净高。

有时候受环境局限，管道绕不开，变配电室内设有风道，风道高度则至少有 500~600 mm，加上支架、间距等，仅风道一项，高度能差 800 mm 左右。还需要看风道进出线方式，若为下进下出，还要看电缆沟是降下去，还是抬上来。如果是抬上来，则电缆沟深度也需要考虑。地面抬高 100~300 mm，则柜子高度为 2.3 m。

同样，不明确进出线方式、规模及内容，也难以确定变配电室高度。

下面举个较极端的例子，只为说明差异而已：

上进下出，桥架厚度、间距都需要考虑。间距和到顶距离等至少为 0.3 m，厚度至少为 0.2 m。一层桥架就有(300+200)mm=500 mm 了，再加母联 300 mm，柜子 2300 mm，母联到桥架 300 mm，抬高地面 300 mm，则有 3.7 m。如果有较大风道，则至少加上 800 mm，地上电缆沟 1000~15000 mm，按较不利情况综合考虑，净高可达 6 m（电缆桥架尚应考虑电缆弯曲半径）。

如果电缆沟降下去，没有风道，桥架和母联能避开，那么净高只有(300+2300+300+200+300)mm=3400 mm。

下进下出，电缆沟降下去，不在净高之列，2300 mm 柜子，300 mm 母联，配电装置到梁 600 mm 距离，抬高地面 100~300 mm。梁有时候是可以避开的（《民用建筑电气设计规范》4.6.3 条屋内配电装置距顶板的距离不宜小于 0.8 m，当有梁时，距梁底不宜小于 0.6 m）。配电装置到顶板距离为 800 mm，梁一般凸出顶板 400~500 mm，则到梁距离可按 300 mm 考虑，较小净高为(2300+300+100+300) mm=3000 mm。这个净高值，排布得好则可以到 3 m。如果无法避开梁，则净高为 300 mm(抬高地面)+2300 mm(柜子)+300 mm(母联)+600 mm(到梁距离)= 3500 mm，此处抬高地面算在净高范围内。(梁高为跨度的 1/12~1/8，一般每跨有三个停车位，每个停车位为 2.5 m，柱子截面尺寸为 600 mm×600 mm，由此计算车库跨度为 8.1 m 左右，梁高为 700~900 mm，车库板厚一般为 200 mm 左右，梁凸出顶板 500~700 mm)

比较准确的高度还需要按实际情况去排布，梁是否能避开、有没有风道、风道多大、风道和其他设备有没有交叉、如何交叉，以及柜子实际高度是多少，与 2300 mm 差异有多大。如果没有风道，电缆沟降下去，下进下出，则净高一般在 3~3.6 m；上进下出，净高一般在 3.6~4.2 m（上进下出比下进下出多一个进线桥架，桥架本身至少 200 mm 厚，加上安装、维护检修空间，并考虑电缆弯曲半径，至少按 600 mm 考虑）。

单纯问变配电室有多高，没有其他条件，以笔者的经验，变配电室净高按不同情况可以为 3~6 m，层高为 3.6~7 m。另外，要注意变配电室的高度没有所谓的最小值，只有较为合理的值。其他设备用房参数也是如此，并没有所谓的最小值，只有较为合理的值，大致可分为较紧凑型、较舒适型和豪华型等。

11. 变配电室的面积如何确定？

变配电室的面积在施工图阶段应按规范布置，但应考虑一定的远景需要；方案阶段可按变压器数量和容量来估算。这里仅估算比较常见的 2 台和 4 台变压器的情况，每台变压器可按 60~80 m^2 的指标估算，并注意房间形状，基本原则就是变压器容量小，房间形状好，面积就可以小一些，甚至低于 60 m^2 的指标；若变压器容量较大，房间形状不好，可能 80 m^2 的指标不够！没有所谓的最小面积，因为各地要求有一定差异，柜子大小也有差异，只有较合理的面积、较紧凑的面积。如果房间形状不是特别差，变压器容量不超过 2500 kV·A，按每台变压器指标为 100 m^2，一般都可以满足要求。另外需要注意比较高端奢华的项目，变配电室也要与之相适应，也要相应奢华，如五星级酒店，等级和标准很高的建筑变配电室的面积往往能达到普通项目指标的 2 倍左右。例如，普通项目 2 台 1000 kV·A 变压器，面积按 15 m×8 m = 120 m^2 考虑，那么高端奢华的项目往往按 200~250 m^2 考虑。有条件的可以按照规范来排布，当项目时间紧张或无经验时，可参考表 10 来估算（注意本表并非万能，只是某种参考做法，接近所谓的最小面积）。

杆架式变压器一般采用两个电线杆，间距约 2 m，中间架设变压器。还有台式变压器，室外设置在约 2.5 m 高平台上，平台按变压器大小来确定，一般为 1~2 m^2。箱式变电站占地面积一般为 2.5 m×5 m 左右，可根据变压器容量大小来适当调整。注意以上三种变压器类型，有些地方要求在其外围设置护栏。

表 10　变配电室面积估算表

	方案号	规模	建筑面积（长×宽）/m^2	备注
	一、10 kV 地上开关站			
1	ZK-A-1	二进六出	10. 5×8. 5 = 89. 25	
2	ZK-A-2	二进八出	10. 5×8. 5 = 89. 25	
3	ZK-A-3	二进十出	12×8. 5 = 102	
4	ZK-A-4	三进十二出	14×8. 5 = 119	
	二、10 kV 地下开关站			
5	ZK-B-1	二进六出	10×5 = 50	
6	ZK-B-2	二进八出	11×5 = 55	
7	ZK-B-3	二进十出	11×5 = 55	
8	ZK-B-4	三进十二出	13×5 = 65	
	三、10 kV 地上变配电室			
9	ZP-A-1	本期 2×200 kV · A，远景 2×400 kV · A	14×8 = 112	
1	ZP-A-2	本期 2×400 kV · A，远景 2×800 kV · A	14×8 = 112	
1	ZP-A-3	本期 2×630 kV · A，远景 2×1000 kV · A	15×8 = 120	
1	ZP-A-4	本期 2×800 kV · A，远景 2×1000 kV · A	15×8 = 120	
	ZP-A-5	本期 4×630 kV · A，远景 4×1000 kV · A	20×12 = 240	
1	ZP-A-6	本期 4×800 kV · A，远景 4×1000 kV · A	20×12 = 240	
	四、10 kV 地下变配电室			
1	ZP-B-1	本期 2×200 kV · A，远景 2×400 kV · A	13×7 = 91	
1	ZP-B-2	本期 2×400 kV · A，远景 2×800 kV · A	13×7 = 91	
1	ZP-B-3	本期 2×630 kV · A，远景 2×1000 kV · A	15×8 = 120	
1	ZP-B-4	本期 2×800 kV · A，远景 2×1000 kV · A	15×8 = 120	
1	ZP-B-5	本期 4×630 kV · A，远景 4×1000 kV · A	26×9 = 234	
2	ZP-B-6	本期 4×800 kV · A，远景 4×1000 kV · A	26×9 = 234	
	五、10 kV 地上开关站（带变压器）			
2	ZK-A-1	二进四出，本期 2×630 kV · A，远景 2×1000 kV · A	14×11 = 154	
2	ZK-A-2	二进四出，本期 2×800 kV · A，远景 2×1250 kV · A	14×12 = 168	
3	ZK-A-3	二进四出，本期 4×630 kV · A，远景 4×1000 kV · A	16×16 = 256	

（续）

	方案号	规模	建筑面积（长×宽）/m²	备注
	五、10 kV 地上开关站（带变压器）			
2	ZK-A-4	二进四出，本期 4×800 kV·A，远景 2×1250 kV·A	18×16.5=297	
2	ZK-A-5	二进六出，本期 2×630 kV·A，远景 2×1000 kV·A	19×9=171	
2	ZK-A-6	二进六出，本期 2×800 kV·A，远景 2×1250 kV·A	21×9=189	
2	ZK-A-7	二进六出，本期 4×630 kV·A，远景 4×1000 kV·A	16×16=256	
2	ZK-A-8	二进六出，本期 4×800 kV·A，远景 4×1250 kV·A	18×16.5=297	
	ZK-A-9	二进八出，本期 2×630 kV·A，远景 2×1000 kV·A	9×20=180	
3	ZK-A-10	二进八出，本期 2×800 kV·A，远景 2×1250 kV·A	16×12=192	
	ZK-A-11	二进十出，本期 2×630 kV·A，远景 2×1000 kV·A	19×10=190	
3	ZK-A-12	二进十出，本期 2×800 kV·A，远景 2×1250 kV·A	21×10=210	
	六、10 kV 地下开关站（带变压器）			
3	ZKP-B-1	二进四出，本期 2×630 kV·A，远景 2×1000 kV·A	18×8=144	
3	ZKP-B-2	二进四出，本期 2×800 kV·A，远景 2×1250 kV·A	18×8=144	
3	ZKP-B-3	二进四出，本期 4×630 kV·A，远景 4×1000 kV·A	30×9=270	
3	ZKP-B-4	二进四出，本期 4×800 kV·A，远景 2×1250 kV·A	30×9=270	
	ZKP-B-5	二进六出，本期 2×630 kV·A，远景 2×1000 kV·A	18×9=162	
	ZKP-B-6	二进六出，本期 2×800 kV·A，远景 2×1250 kV·A	18×9=162	
	ZKP-B-7	二进六出，本期 4×630 kV·A，远景 4×1000 kV·A	30×9=270	
	ZKP-B-8	二进六出，本期 4×800 kV·A，远景 4×1250 kV·A	30×9=270	
	ZKP-B-9	二进八出，本期 2×630 kV·A，远景 2×1000 kV·A	18×9=162	
	ZKP-B-10	二进八出，本期 2×800 kV·A，远景 2×1250 kV·A	18×9=162	
	ZKP-B-11	二进十出，本期 2×630 kV·A，远景 2×1000 kV·A	18×9.5=171	
4	ZKP-B-12	二进十出，本期 2×800 kV·A，远景 2×1250 kV·A	18×9.5=171	
	七、10 kV 箱式变电站			
4	ZXB-A-1	美式；本期规模 200 kV·A，远景规模 400 kV·A	2.3×1.7=3.91	
4	ZXB-A-2	美式；本期规模 400 kV·A，远景规模 630 kV·A	2.3×1.7=3.91	
4	ZXB-A-3	欧式；本期规模 200 kV·A，远景规模 400 kV·A	3.1×2.3=7.13	
4	ZXB-A-4	欧式；本期规模 400 kV·A，远景规模 630 kV·A	3.1×2.3=7.13	

12. 负荷计算中所谓同时使用等于需要系数是 1 吗？

需要考虑持续 30 min（30 min 只是常规约定，实际精确应按 3~4 个导体发热时间常数）的最大负荷才是计算负荷，这种同时才能按需要系数是 1 来考虑。

20 台 20 kV · A 的电焊机同时使用，计算负荷就是 400 kV · A？其实不是的，因为需要考虑持续率，另外负荷不可能完全同时使用。所以《工业与民用配电设计手册》中给出的需要系数 0. 35 是综合考虑了持续率和同时性，而且是比较保守的。按手册计算电流为 150~200 A，而实测不足 100 A。如果错误地按所谓同时需要系数为 1，又不考虑持续率，计算电流将会是 577 A。

另外，由于功率因数的不同，严谨计算时不能直接把负荷相加。但实际设计中，功率因数有较小差异，可以直接加。功率因数不同，按向量来说，是方向略有不同，但夹角一般很小，工程计算中一般可以忽略。例如 20 kW 负荷的功率因数为 0. 8、30 kW 负荷的功率因数为 0. 9，工程计算可以直接加，得到50 kW。系数按 0. 8 ~0. 9，分别取上限和下限，计算结果差异在 10%以上了，而功率因数略有不同对计算结果的影响远小于 10%。所以功率因数相同也不见得就很准确，即使不说需要系数，电压也只是在标称电压的附近某个范围，不是准确值。

13. 施工现场临时用电的负荷如何确定？

如 10 万 m^2 小区，临时用电为多大电量？选用几台多大容量的变压器？

如果给出用电设备的种类、数量和参数，那就是理论计算，按部就班，计算起来并不难，可以说没有什么特别的技术含量。

近年来人工费不断提高，电费一直没有改变，用电设备越来越多，临时用电和正式用电一样，指标不断提高，电气技术也要紧跟时代的发展。

某次面试考试已知条件非常有限，仅给出 10 万 m^2 小区的施工用电（隐含条件是按项目所在地的情况考虑问题）。明显是方案阶段估算，考的就是经验值。如果没有本地开发项目经验，也没有接触过临时用电，很难做出比较准确的判断！

关于临时用电在方案阶段确实无法计算，只能按经验值，详细计算需要根据施工组织的工期、人员和用电设备来确定。有这样两种经验值，根据正式用电量的 1/10

估算或根据 5~10 W/m² 的指标估算，其实这两种方法大同小异，大部分常见业态用电指标为 50~100 W/m²，1/10 也就是 5~10 W/m²（此处有个问题，各地用电指标有差异，尤其是住宅，各地差异较大，实际施工用电差异不一定大，所以用电量估算切忌生搬硬套。又如火车站的雨棚，面积较大，钢结构非常多，正式用电只有照明，正式用电负荷非常小，但施工用电负荷往往明显大于正式用电负荷）。如果遇到差异较大项目，两种方法需要综合考虑。

按面试地点的正式用电负荷的 1/10 估算（与 JGJ 242—2011 规范的指标和做法非常接近）：正式用电按整体 50 W/m²（0.05 kW/m²）的指标，系数按 0.5，总负荷为 100000×0.05×0.5 kW = 2500 kW，临时用电为 250 kW，变压器最小可选 400 kV·A，这就是临时用电变压器的最小值。按 5~10 W/m² 用电指标计算，临时用电负荷为 500~1000 kW。由此可以得出一个范围 250~1000 kW（变压器安装容量为 400~1200 kV·A），这个大范围的指标和算法适用于绝大部分房地产开发项目。至于比较具体的值，还是需要结合项目经验和项目实际情况，就面试地点所在城市的项目调研来看，在面试的几年前 10 万 m² 小区施工用电多采用一台 315~400 kV·A 变压器，所以最佳答案是 1 台 400~500 kV·A 变压器或者 2 台 250~315 kV·A 变压器。（面试所在地临时变压器一般用杆架式、油浸变压器）

实例一：某 40 万 m² 住宅小区，一类高层，临时用电为 4×400 kV·A。用电指标为4 V·A/m²，常规工期，常规指标。住宅项目有的指标比较低，与当地施工习惯也有关系。（河北省 2012 年开工项目，采用杆架式、油浸变压器，变压器有一定过负荷能力）

实例二：54000 m² 五星级酒店，正式用电为（2×2000+2×1000+1×1000）kV·A（4 台变压器，1 台 1000 kV·A 的发电机），五星级酒店一二级负荷较多，平时负荷率较低。单纯按变压器容量 6000 kV·A 的 1/10，即 600 kV·A，与按指标法 5~10 W（270~540 kV·A）基本一致，可取 2 台 250~315 kV·A 变压器。估算值与实际项目选用的两台 250 kV·A 变压器一致。用电指标为 9.3 V·A/m²，常规工期，常规指标。（河北省 2012 年开工项目，杆架式、油浸变压器，变压器有一定过负荷能力，公共建筑一般指标比住宅高）

实例三：某 4.5 万 m² 多层沿街商业和四合院。实际选择 2 台 400 kV·A 箱式变压器。用电指标为 20 V·A/m²，项目多为单层和两层，少量三层，占地面积较大，工期较紧，所以指标较高。（天津市 2014 年开工项目）

实例四：14 万 m² 住宅小区项目，别墅，为多层和高层。实际选择 3 台 400 kV·A 箱式变压器。用电指标为 9.6 V·A/m²，常规工期，常规指标。（天津市 2014 年开工项目）

实例五：20 万 m^2 住宅小区，都是二类高层，项目临时用电为 2×400 kV · A。用电指标为 4 V · A/m^2，常规工期，常规指标。住宅项目有的指标比较低，与当地施工习惯也有关系。(河北省 2015 年开工项目，杆架式，油浸变压器，变压器有一定过负荷能力)

小结：常规民用建筑项目，可直接按 5~15V · A/m^2 的指标选择变压器，更加简单直接，住宅类按较低值，公共建筑类按较高值，并结合容量和变压器过负荷能力等。注意，各地有一定差异，差异来自各地习惯和要求，临时用电变压器有的用杆架式变压器，有的用箱式变压器；容量也不同，小的有 200 kV · A，大的有 2000 kV · A。(注意：杆上油浸式变压器一般有较强过负荷能力，另外单台变压器容量越大，同时系数越小，单位指标越低)

经验值是粗略估算常规项目的参考值，还应注意结合项目实际。比如工期和一些特定结构形式对用电负荷影响非常大（有时候对用电负荷的影响大到相差很多倍）。工期较紧，一般有两种体现，增加人和设备或增加工作时间，用电设备增加，同时系数大了，所以用电负荷肯定大了。结构形式采用钢结构较多，基础需要打桩等，可能对用电负荷影响较大。钢结构焊接较多，会有比较多的电焊机，功率较大。打桩则会有功率较大的打桩机，也可能是烧柴油的旋挖钻。

14. 配电级数、保护级数和上下级有何联系？

低压配电系统的设计，应使系统简单，配电级数和保护级数合理，分级明确；减少运行过程中的电能损失，便于维护和管理，节约设备、材料和建设投资。

配电级数与保护级数不同，不是按保护开关的上下级个数（保护级数）作为配电级数，而是按一个回路通过配电装置分配为几个回路的一次分配称为一级配电。对于一个配电装置而言，进线总开关与馈出分开关合起来成为一级配电，不因进线开关采用断路器、熔断器或隔离开关而改变其配电级数。保护级数和配电级数均不宜过多，配电系统的保护电器应根据配电系统的可靠性和管理维护的要求设置，各级保护电器之间的选择性配合应满足供电系统可靠性要求。

如图 6 所示，三个配电箱分别为某建筑的总箱、层箱和末端箱。配电箱中标注的 A、B、C、D、E、F 为具有代表性的开关，其中 A 与 B1~B5 组成第一级配电。总开关 A 与馈出开关 B1~B5 属于上下级开关，B1 和 C1 是同级，这两个开关跳开停电范围是一样的，所以一般不考虑这两个开关的选择性。注意接线图中位置在前面的开关不代表是上级开关，如 B1 和 C1、D3 和 E1 都是同级。

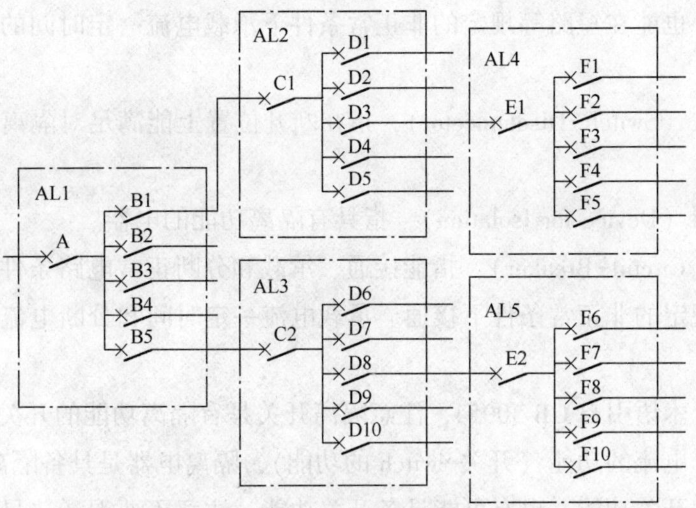

图 6　某建筑物配电箱接线图

总开关 A 与馈出开关 B1～B5 属于上下级开关，一般需要考虑一定的选择性，重要负荷必须考虑选择性，非重要负荷可不考虑选择性。对于图 6 所示的放射式供电，C1、C2、E1、E2 均可以采用隔离开关，当然前面对应的开关 B1、B5、D3、D8 需采用断路器或熔断器等有保护功能的电器，这样有利于减少保护级数，使得整定更加容易，系统更加简洁。对于选择性，一般采用电流选择性和能量选择性相结合。

如 F1 回路过负荷或短路故障，最希望的结果是 F1 在约定时间内有效分断故障回路，同时 E1、D3、C1、B1、A 等上级所有开关都不跳。但当 F1 故障或不满足全选择性时，可能越级跳闸，这样会造成大面积停电，可能造成不必要的损失。

选择性一般只能在一定程度上保证，很难保证整个建筑的电气系统全部 100% 选择性，代价极大，所以需要结合实际，综合考虑规范性、经济性、合理性、选择性，得出常规做法。

15. GB 50054—2011 中 6.3.3 条的 $I_B \le I_n \le I_Z$ 是否需要考虑可靠系数？

首先简单介绍下开关的基本术语和应用条件：

开关电器（Switching Device），指用于接通或分断电路中电流的电器。

开关（Switch），指在电路正常的工作条件或过负荷工作条件下能接通、承载和分断电流，也能在短路等规定的非正常条件下承载电流一定时间的一种机械开关电器。

隔离开关（Switch-Disconnector），指在断开位置上能满足对隔离器的隔离要求的开关。

隔离电器（Device for Isolation），指具有隔离功能的电器。

断路器（Circuit-Breaker），指能接通、承载和分断正常电路条件下的电流，也能在短路等规定的非正常条件下接通、承载电流一定时间和分断电流的一种机械开关电器。

注：以上术语引自 GB 50054，注意隔离开关是有隔离功能的开关，具备接通和分断正常工作电流的功能（开关 Switch 的功能），隔离电器是具备隔离功能的电器，有可能不具备开关功能，也有可能具备开关功能，注意不要混淆。另外，低压没有负荷开关的术语概念。

最常用的开关是断路器。断路器分类如下：

1）按使用类别分为 A、B 两类。A 类为非选择性；B 类为选择型。

2）按设计形式分为开启式（ACB）和塑料外壳式（MCCB）。

3）按操动机构的控制方法分为有关人力操作、无关人力操作；有关动力操作、无关动力操作；储能操作。

4）按是否适合隔离分为适合隔离和不适合隔离。

5）按安装方式分为固定式、插入式和抽屉式。

注：熔断器在建筑电气中用的范围小于断路器（不少设计人员对熔断器认知不足，导致应用极少，很多优势未能发挥，甚为遗憾），熔断器具有高分断能力、高限流特性、选择性好、价格低廉等优点，必要时某些场合应注意和断路器结合使用或单独使用，充分利用熔断器的优点（如当选择断路器分断能力和灵敏度校验较为不合理时，可以考虑采用熔断器）。

某产品断路器正常使用条件和安装运行条件（数据来自某产品样本，其他品牌参数不完全相同，但大同小异）如下：

周围空气温度为-5～+40℃。

断路器通过 GB/T 2423.1—2008 和 GB/T 2423.2—2008 的试验要求，周围空气温度可低至-25℃（CM3DC 系列断路器可提供温度低至-40℃产品）、高至+70℃（超过+40℃降容使用，详见样本中的技术资料）。

海拔至 2500 m 特性不受影响（超过 2500 m 降容使用，详见样本中的技术资料）。

安装地点的海拔不超过 2000 m。

安装地点的空气相对湿度在最高温度为+40℃时不超过 50%，在较低温度下可以有较高的相对湿度，例如 20℃时达 90%。对由于温度变化偶尔产生的凝露应采取特殊措施。

污染等级为 3 级。

断路器通过 GB/T 2423. 10—2008 试验要求，可耐受频率为 2~13. 2 Hz、位移为±1 mm 及频率为 13. 2~100 Hz、加速度为±0. 7g 的机械振动。

断路器主电路安装类别为Ⅲ，其余辅助电路、控制电路安装类别为Ⅱ。

断路器适用于电磁环境 A。

湿热带型（TH 型）断路器通过 GB/T 2423. 4—2008 和 GB/T 2423. 18—2012 试验要求，能耐受潮湿空气、盐雾、油雾、霉菌的影响。

断路器应安装在无爆炸危险和无导电尘埃、无足以腐蚀金属和破坏绝缘的地方。

断路器应安装在没有雨雪侵袭的地方。

储存条件：周围空气温度为-40~+70℃。

该产品断路器不同壳架不同额定电流下的保护特性曲线（特性曲线是在冷态，三相负荷下测得）如图 7 所示。

图 7 所示的电流-温度特性图体现了断路器和实际额定电流的关系。当周围空

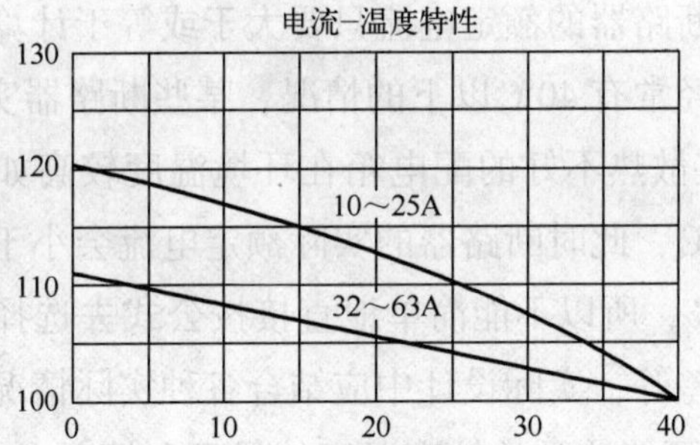

a)

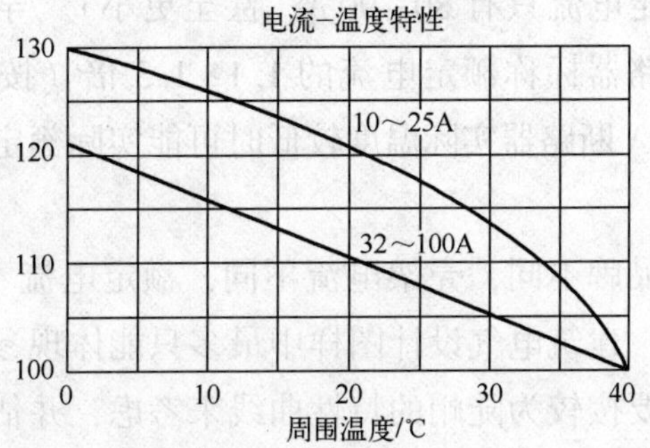

b)

图 7　某断路器保护特性曲线

气温度是 40℃时，实际额定电流才是标称的额定电流。当温度低于 40℃时，断路器的实际额定电流会按图所示变大，同样当温度高于 40℃时，实际额定电流会变小。虽然图中没有显示降容曲线，但可以按近似延伸考虑。以图 7b 中 100 A 断路器为例，在 0℃、10℃、20℃、30℃、40℃几个温度点的实际额定电流近似为 121%、116%、110%、105%、100%，大约是从 40℃开始周围空气温度每降低 10℃，实际额定电流增加 5%。10~25 A 的断路器则随着周围空气温度降低，实际额定电流增加的比例更大，当在 20℃时，实际额定电流已经达到标称额定电流的 120%。

GB 50054—2011 的 6. 3. 3 条过负荷保护电器的动作特性，应符合下列公式的要求：

$$I_B \leqslant I_n \leqslant I_Z \tag{1}$$

$$I_2 \leqslant 1.45 I_Z \tag{2}$$

式中 I_B——回路计算电流（A）；

I_n——熔断器熔体额定电流或断路器额定电流或整定电流（A）；

I_Z——导体允许持续载流量（A）。

I_2——保证保护电器可靠动作的电流（A）。当保护电器为断路器时，I_2为约定时间内的约定动作电流；当为熔断器时，I_2为约定时间内的约定熔断电流。

规范理论上要求断路器的额定电流只要大于或等于计算电流即可。但实际中应考虑，正常环境温度经常有 40℃以下的情况，某些断路器实际的电流已经为标称额定电流的 120%，一些散热不好的配电箱在环境温度较高如 35~40℃时，配电箱内温度可能达到 50~60℃，此时断路器的实际额定电流会小于标称额定电流，为标称额定电流的 80%~90%，所以不能简单地直接按公式去选择开关。另外还考虑计算电流的误差、电压偏差等，实际设计中应结合各种实际情况，选择开关宜按计算电流的 1. 1~1. 3 倍（按可能达到的较高温度的最不利情况考虑，100 A 断路器实际温度较高时可能实际额定电流只有 80~90 A，甚至更小）。导线校正后的实际载流量应结合实际，宜为断路器标称额定电流的 1. 1~1. 3 倍（按可能达到的较低温度的最不利情况考虑，100 A 断路器实际温度较低时可能实际额定电流能达到 110~120 A，甚至更高）。

需要注意，产品品牌不同，壳架电流不同，额定电流不同，电流-温度特性曲线可能存在一定差异，建筑电气设计图样中最多只能体现参考品牌信息，不能指定品牌。保守设计则需要按较为陡峭的特性曲线来考虑，并估算断路器实际周围空气温度。尤其需要注意室外配电箱夏季温度极有可能达到 55~60℃及以上，同时冬季可能在零下十几度及以下。

以上对日常设计中根据计算电流的1.1~1.3倍选择开关和根据开关额定电流的1.1~1.3倍选择导线载流量，提供了理论分析、产品数据分析，同时也有实际维护经验。(在实际维护中，出现过一些箱柜中开关在标称额定电流90%左右过负荷跳闸的情况)

《建筑电气专业技术措施》中有更加直观的表格：

断路器的额定电流应根据使用环境温度进行修正，尤其是装在封闭式的室外配电箱内，温度升高可达10~15℃，其修正值一般情况下可按40℃进行修正，在北京地区也可按其额定电流的85%选用。微型断路器当以环境温度+30℃为基准整定时的温度修正值见表11，断路器当以环境温度+40℃为基准整定时的温度修正值见表12。

表11　微型断路器当以环境温度+30℃为基准整定时的温度修正值

	整定电流/A	在下列环境温度时，整定电流修正值								
		20℃	25℃	30℃	35℃	40℃	45℃	50℃	55℃	60℃
微型断路器	1	1.05	1.03	1.00	0.97	0.94	0.91	0.88	0.85	0.82
	3	3.18	3.09	3.00	2.91	2.82	2.73	2.61	2.52	2.40
	6	6.30	6.18	6.00	5.82	5.64	5.52	5.34	5.16	4.92
	10	10.7	10.3	10.0	9.60	9.30	8.90	8.50	8.10	7.60
	16	19.96	16.48	16.00	12.52	15.04	14.56	14.08	13.44	12.96
	20	21.2	20.6	20.0	19.41	18.81	18.21	17.41	16.80	16.00
	25	26.5	25.75	25.0	24.25	23.25	22.50	21.5	20.75	19.75
	32	33.92	32.96	32.0	31.04	30.08	28.80	27.84	26.56	25.6
	40	42.8	41.6	40.0	38.4	36.8	35.2	33.6	32.0	30.0
	50	54.0	52.0	50.0	48.0	46.0	43.5	41.0	38.5	36.0
	63	67.41	62.52	60.0	60.48	58.59	56.07	53.55	50.4	47.88

表12　断路器当以环境温度+40℃为基准整定时的温度修正值

	整定电流/A	在下列环境温度时，整定电流修正值								
		20℃	25℃	30℃	35℃	40℃	45℃	50℃	55℃	60℃
断路器	50	57.5	56.0	54.0	52.0	50.0	48.0	45.5	43.5	41.0
	63	72.5	70.5	68.0	65.5	63.0	60.5	57.5	54.5	51.5
	80	92.0	89.0	86.0	83.0	80.0	76.5	73.5	69.5	66.0
	100	115.0	111.5	108.0	104.0	100.0	96.0	91.5	87.0	82.5

16. 导线选择需要注意哪些条件？

导线能够承载电流，是用来输送电能的载体。常见低压导线主要是电线、电缆和母线。

建筑电气中，通常电线主要应用在末端配电（一般电流在63A以下，配微断开关），电缆主要应用在配电干线和一些较为重要的用电设备（一些动力设备），容量较大（如电流在500~600A以上），电缆不适合的，则采用母线。

通常导体材料有铜、铝和铝合金。

导线材料选择应考虑负荷性质、环境条件、配电线路条件、安装部位、市场价格等实际情况选择铜或铝导体。

铜的导电性能、稳定性、可靠性都优于铝，但铝造价低，密度仅大约为铜的1/3，铝线作为架空线还是有较为明显的优势。另外在较为特殊的情况，如临时用电，临时性比较强，同时不少施工场地安保措施不到位，铜电缆有明显丢失现象，由于铝线造价低，回收价值更低，所以极少丢失，从这个角度说，铝线更为安全可靠。

导线选择需要综合考虑适用环境、载流量、电压降、机械强度、灵敏度、热稳定、泄漏电流、绝缘等级、绝缘材料及护套、阻燃等级、耐火等级等。

GB 50054—2011 中关于机械强度要求见表13。

表13　导线机械强度要求

敷设方式	绝缘子支持点间距/m	导体最小截面/mm²	
		铜导体	铝导体
裸导体敷设在绝缘子上	—	10	16
绝缘导体敷设在绝缘子上	≤2	1.5	10
	>2，且≤6	2.5	10
	>6，且≤16	4	10
	>16，且≤25	6	10
绝缘导体穿导管敷设或在槽盒中敷设	—	1.5	10

由机械强度要求可见，常见几种敷设方式下，铝导体截面最小为10 mm^2 和16 mm^2，所以不适合在末端小功率场合应用。本来按其他条件，如电压降、载流量等选择可能2.5 mm^2 或4 mm^2 就可以，但受制于机械强度要求，最小为10 mm^2 或16 mm^2，所以上述选择不合适。

JGJ 16-2008 的8.3.9条绝缘电线不宜穿金属导管在室外直接埋地敷设。必要时，对于次要负荷且线路长度小于 15 m 的，可采用穿金属导管敷设，但应采用壁厚不小于 2 mm 的钢导管并采取可靠的防水、防腐蚀措施。

《民用建筑电气设计规范》明确了电线不宜穿金属管在室外直接埋地敷设，因为室外埋地是潮湿环境。虽然规范中指出某种条件且种种措施下可以，但实际设计中应尽量避免室外埋地用电线，应尽量采用电缆。

17. 普通配电的开关导线如何选择？

断路器的实际额定电流在不同环境温度下存在一定差异，所以不能简单地按规范 GB 50054—2011 的 6.3.3 条中公式 $I_B \leqslant I_n \leqslant I_Z$ 直接选择开关导线。同时应该注意即使是普通配电（如照明），仍然需要考虑一定的起动电流。同时，正常的市电只是理论上为正弦波形，实际在种种原因之下会有各种毛刺，所以为防止误动作，不宜随意选择瞬动倍数太低的断路器。如某金卤灯的起动时间为 3~5 min，起动电流为正常的 1.7~2.5 倍，长延时整定值需要考虑。瞬时整定需考虑可靠系数（见《照明设计手册》）。设计计算时应注意起动倍数和起动时间等参数，当无法确定时，设计最好按较不利（或最不利）情况考虑。

由《照明设计手册》内容可知，照明瞬动可靠系数为 4~7（其中白炽灯和卤钨灯是 10~12），普通微型断路器瞬动倍数是 5~10，所以根据计算电流选择开关时需要考虑一定的余量，可靠系数按最不利情况来考虑。

同时需要考虑制造误差、电压偏差、计算误差等。照明配电末端开关选择宜按计算电流的 1.5~2 倍选择，层箱或总箱应考虑谐波影响，取中性线与相线等截面，并适当留有余量，宜按计算电流的 1.1~1.3 倍选择开关。

18. 电动机的开关导线如何选择？

电动机开关导线选择时瞬动、短延时（如果有就需要考虑）、长延时都要考虑。其中长延时和瞬时作为两个点是比较容易确定和校验的，但起动是一个过程，严谨的话需要对比起动曲线和开关的脱扣曲线。

下面先列出规范基本要求。

GB 50054—2011 的 6.3.3 条中过负荷保护电器的动作特性，应符合前述式（1）与式（2）的要求。

GB 50055—2011 的 2.3 条中低压电动机保护正文及条文说明如下：

1）交流电动机应装设短路保护和接地故障的保护。

2）交流电动机的保护除应符合第 1）条的规定外，尚应根据电动机的用途分别装设过负荷保护、断相保护、低电压保护以及同步电动机的失步保护。

3）每台交流电动机应分别装设相间短路保护，但符合下列条件之一时，数台交流电动机可共用一套短路保护电器：

① 总计算电流不超过 20 A，且允许无选择切断时。

② 根据工艺要求，必须同时起停的一组电动机，不同时切断将危及人身设备安全时。

4）交流电动机的短路保护器件宜采用熔断器或低压断路器的瞬动过电流脱扣器，也可采用带瞬动元件的过电流继电器。保护器件的装设应符合下列规定：

① 短路保护兼作接地故障的保护时，应在每个不接地的相线上装设。

② 仅作相间短路保护时，熔断器应在每个不接地的相线上装设，过电流脱扣器或继电器应至少在两相上装设。

③ 当只在两相上装设时，在有直接电气联系的同一网络中，保护器件应装设在相同的两相上。

5）当交流电动机正常运行、正常起动或自起动时，短路保护器件不应误动作。短路保护器件的选择应符合下列规定：

① 正确选用保护电器的使用类别。

② 熔断体的额定电流应大于电动机的额定电流，且其安秒特性曲线计及偏差后应略高于电动机起动电流时间特性曲线。当电动机频繁起动和制动时，熔断体的额定电流应加大 1 级或 2 级。

③ 瞬动过电流脱扣器或过电流继电器瞬动元件的整定电流应取电动机起动电流周期分量最大有效值的 2～ 2.5 倍。

④ 当采用短延时过电流脱扣器作保护时，短延时脱扣器整定电流宜躲过起动电流周期分量最大有效值，延时不宜小于 0.1 s。

6）交流电动机的接地故障保护应符合下列规定：

① 每台电动机应分别装设接地故障保护，但共用一套短路保护的数台电动机可共用一套接地故障的保护器件。

② 交流电动机的间接接触防护应符合现行国家标准《低压配电设计规范》（GB 50054—2011）的有关规定。

③ 当电动机的短路保护器件满足接地故障的保护要求时，应采用短路保护器件兼作接地故障的保护。

7）交流电动机的过负荷保护应符合下列规定：

① 运行中容易过负荷的电动机、起动或自起动条件困难而要求限制起动时间的电动机，应装设过负荷保护。连续运行的电动机宜装设过负荷保护，过负荷保护应动作于断开电源。但断电比过负荷造成的损失更大时，应使过负荷保护动作于信号。

② 短时工作或断续周期工作的电动机可不装设过负荷保护，当电动机运行中可能堵转时，应装设电动机堵转的过负荷保护。

8）交流电动机宜在配电线路的每相上装设过负荷保护器件，其动作特性应与电动机过负荷特性相匹配。

9）当交流电动机正常运行、正常起动或自起动时，过负荷保护器件不应误动作。过负荷保护器件的选择应符合下列规定：

① 热过负荷继电器或过负荷脱扣器整定电流应接近但不小于电动机的额定电流。

② 过负荷保护的动作时限应躲过电动机正常起动或自起动时间。热过负荷继电器整定电流应按下式确定：

$$I_{zd}=K_kK_{ix}(I_{ed}/nK_h) \tag{3}$$

式中 I_{zd}——热过负荷继电器整定电流（A）；

I_{ed}——电动机的额定电流（A）；

K_k——可靠系数，动作于断电时取1.2，动作于信号时取1.05；

K_{ix}——接线系数，接于相电流时取1.0，接于相电流差时取$\sqrt{3}$；

K_h——热过负荷继电器返回系数，取0.85；

n——电流互感器电流比。

③ 可在起动过程的一定时限内短接或切除过负荷保护器件。

10）交流电动机的断相保护应符合下列规定：

① 连续运行的三相电动机，当采用熔断器保护时，应装设断相保护；连续运行的二相电动机，当采用低压断路器保护时，宜装设断相保护。

② 断相保护器件宜采用断相保护热继电器，也可采用温度保护或专用的断相保护装置。

11）交流电动机采用低压断路器兼作电动机控制电器时，可不装设断相保护；短时工作或断续周期工作的电动机也可不装设断相保护。

12）交流电动机的低电压保护应符合下列规定：

① 按工艺或安全条件不允许自起动的电动机应装设低电压保护。

② 为保证重要电动机自起动而需要切除的次要电动机应装设低电压保护。次

要电动机宜装设瞬时动作的低电压保护。不允许自起动的重要电动机应装设短延时的低电压保护，其时限可取 0.5~1.5s。

③ 按工艺或安全条件在长时间断电后不允许自起动的电动机，应装设长延时的低电压保护，其时限按照工艺的要求确定。

④ 低电压保护器件宜采用低压断路器的欠电压脱扣器、接触器或接触器式继电器的电磁线圈，也可采用低电压继电器和时间继电器。当采用电磁线圈作低电压保护时，其控制回路宜由电动机主回路供电；当由其他电源供电，主回路失压时，应自动断开控制电源。

⑤ 对于需要自起动不装设低电压保护或装设延时低电压保护的重要电动机，当电源电压中断后在规定时限内恢复时，控制回路应有确保电动机自起动的措施。

13）同步电动机应装设失步保护。失步保护宜动作于断开电源，也可动作于失步再整步装置。动作于断开电源时，失步保护可由装设在转子回路中或用定子回路的过负荷保护兼作失步保护。必要时，应在转子回路中加装失磁保护和强行励磁装置。

14）直流电动机应装设短路保护，并根据需要装设过负荷保护。他励、并励及复励电动机宜装设弱磁或失磁保护。串励电动机和机械有超速危险的电动机应装设超速保护。

15）电动机的保护可采用符合现行国家标准《低压开关设备和控制设备 第 4-2 部分：接触器和电动机起动器 交流半导体电动机控制器和起动器（含软起动器）》（GB/T 14048.6—2016）保护要求的综合保护器。

16）旋转电机励磁回路不宜装设过负荷保护。

条文说明如下：

1）条文中有关低压线路保护和电气安全的名词定义详见现行国家标准《电气安全术语》（GB/T 4776—2017）和《低压配电设计规范》（GB 50054—2011）的规定。短路故障和接地故障的保护是交流电动机必须设置的保护，故本条为强制性条文。

2）交流电动机的过负荷保护、断相保护和低电压保护以及同步电动机的失步保护等需根据电动机的具体用途确定是否设置。

3）本条为相间短路保护（简称短路保护），相对地短路划归为接地故障的保护。

数台电动机共用一套短路保护属于特殊情况，应从严掌握。总计算电流不超过 20A 是根据电动机的使用性质和重要性而确定的，节约投资，实践证明是可行的。

4）IEC 标准《建筑物电气装置》（IEC 60364-4）第 473.3.1 条中规定，短路保护器件应在不接地的相线上装设。当短路保护兼作接地故障保护时，这是必要的。每相上装设过电流脱扣器或继电器能提高灵敏度，随着科技的发展，电流脱扣器、电流互感器和继电器的制造成本降低，每相上装设是合适的。考虑到某些场合，如装有专门的接地故障保护或在 IT 系统中，可能出现只在两相上装设的情况，本条保留了原规范的基本内容，但明确其条件是不兼作接地故障的保护。

5）防止短路保护器在电动机起动过程中误动作，包括正确选择保护电器的使用类别和电流规格，特予并列，以防偏废。

① 我国熔断器和低压断路器标准中均已列入了保护电动机型。低压熔断器的分断范围和使用类别用两个字母表示。第一个字母表示分断范围（g——全范围分断能力熔断体，a——部分范围分断能力熔断体），第二个字母表示使用类别（G——一般用途熔断体，M——保护电动机回路的熔断体）。如“gM”即为全范围分断的电动机回路中用的熔断体。

② 由于我国熔断器品种繁多，各种熔断器的安秒特性曲线差别很大，故难以给出统一的系数。时至今日，熔断器标准已靠拢 IEC 标准，产品的种类多，若计算系数过多则失去了优点，故直接查曲线或在手册中给出具体的查选表格比较便于操作。如《工业与民用配电设计手册》列出了不同规格的熔断体在轻载和重载起动下的容许电流。这种做法造表虽烦琐，但使用方便，建议推广。

③ 采用瞬动过电流脱扣器或过电流继电器的瞬动元件时，应考虑电动机起动电流非周期分量的影响。非周期分量的大小和持续时间取决于电路中电抗与电阻的比值和合闸瞬间的相位。根据对电动机直接起动电流的测试结果可知，起动电流非周期分量主要出现在第一半波，第二、三周波即明显衰减，其后则微乎其微。电动机起动电流第一半波的有效值通常不超过其周期分量有效值的 2 倍，个别可达 2.3 倍。由于瞬动过电流脱扣器或过电流瞬动元件动作与断路器的固有分断时间无关，故其整定电流应躲过电动机起动电流第一半波的有效值。瞬动过电流脱扣器或电流继电器瞬动元件的整定电流应取电动机起动电流周期分量最大有效值的 2~2.5 倍。

6）关于 TN、TT 和 IT 系统中间接接触防护的具体要求，已列入现行国家标准《低压配电设计规范》（GB 50054—2011）中，本条不再重复。条文中将原“接地故障保护”改为“接地故障的保护”，以便于与现行国家标准（GB 50054—2011）及有关标准相对应。

7）本条中的过负荷保护用来防止电动机因过热而造成的损坏，不同于现行国家标准（GB 50054—2011）中的线路过负荷保护。

① 过负荷时导致电动机损坏的主要原因是过负荷引起的温升过高，除危及绝缘外，还使定子和转子电阻增加，导致损耗和转矩改变；由于定子和转子发热不同

而使气隙减少，导致运行可靠性降低甚至“扫堂”，大部分的电动机故障都是由过负荷产生的过热所致。当然，以上所称“过负荷”是广义的，即包括机械过负荷、断相运行、电压过低、频率升高、散热不良、环境温度过高等各种因素。但无论如何，过负荷保护的必要性是肯定的。因此，电动机，包括不易机械过负荷的连续运行的电动机，应尽可能装设过负荷保护。此外，某些场合下断电的后果比过负荷运行更严重，如没有用机组的消防水泵，应在过负荷情况下坚持工作。

② 目前常用的过负荷保护器件用于短时工作或断续周期工作的电动机时，整定困难，效果不好。条文规定上述电动机可不装设过负荷保护，是为了考虑现实情况。如有运行经验或采用其他适用的保护时，仍宜装设。

8）每相上装设过负荷保护器件能提高灵敏度，反映各相电流的真实情况，易于实现保护。目前交流电动机过负荷保护器件最普遍应用的是热继电器和过负荷脱扣器（即长延时脱扣器）。较大的重要电动机也采用电流继电器，通常为反时限继电器，用于保护电动机堵转的过负荷保护时，可为定时限继电器，其延时应躲过电动机的正常起动时间。

常用的过负荷保护器件简单、价廉，但也难免存在缺点。如热继电器的双金属片与电动机的发热特性不同，导致过负荷范围内动作不均匀；过电流保护在低过负荷数倍下的动作时间明显低于电动机的允许时间，使整定困难。目前，国内有许多厂家生产的专用电动机保护器采样电动机定子电流，经运算与设定的保护曲线比较，具有定时限和反时限功能，能较真实地模拟电动机运行情况，保护效果明显，可以使用。以上两者均只反映定子电流，对其他原因引起的过热不能保护。因此，直接反映绕组过热的温度保护（如 PTC 热敏电阻保护）及其改进型温度-电流保护是比较合理的。为适应电动机的保护设备的迅速发展，条文中列入了温度保护或其他适当的保护。

9）本条规定了选择过负荷保护器件的一般要求。此外，某些起动时间长的电动机在起动过程的一定时限内解除过负荷保护，防止保护器件误动作，同时对正常运行的电动机进行了保护。实践证明行之有效。

10）在过负荷烧毁的电动机中，断相故障所占比例很大，根据参考资料，美国和日本约占 12%，苏联约占 30%；而我国则明显超过以上数字。这与断相保护不完善有直接关系，致使因断相运行每年烧毁大批电动机，已引起多方面人士的关注。基于上述情况，并考虑到电器制造水平的发展，本条对断相保护作出了较严的规定。

关于用低压断路器保护的电动机，本条规定宜装设断相保护。据发生断相故障的 181 台小型电动机的统计，因熔断器一相熔断或接触不良的占 75%，因刀开关或接触器一相接触不良的占11%，因电动机定子绕组或引线端子松开的占14%。由此可见，除熔断器外，其他原因约占25%，仍不容忽视。

电动机断相运行时，电流会出现过负荷，用熔断器作保护时，需热效应将每相熔断器逐一熔断，反应迟缓，故要另外装设断相保护。对断路器而言，过负荷保护动作后，将切断三相电源，比熔断器效果好。

11）短时工作或断续周期工作的电动机经常处于起动和制动状态，电流变化较大。保护元件难以准确判断，容易误动作，因此可不设断相保护。

12）交流电动机装设低电压保护是为了限制自起动，而不是保护电动机本身。当系统电压降到一定程度，电动机将疲倒、堵转，这个数值可称为临界电压，其与电动机类型和负荷大小有关。低电压保护的动作电压均接近临界电压（欠电压保护）或低于临界电压（失压保护）。在系统电压降到低电压保护的动作电压之前，电动机早已因电流增加而过负荷。低电压保护可归纳为两类：为保证人身和设备安全，防止电动机自起动（包括短延时和长延时）；为保证重要电动机能自起动，切除足够数量的次要电动机（瞬时）。

为配合自动重合闸和备用电源自投的时限，与继电保护规程协调一致，短延时低电压保护的时限为0.5~1.5s。考虑到某些机械（如透平式压气机）的停机时间较长，长延时低电压保护的时限为9~20s，为了适用不同情况，本条未给定低电压保护的时限具体数值，而是根据工艺要求确定。

13）按有关规范间的分工和本问的适用范围，本条仅涉及低压同步电动机。低压同步电动机在某些场合仍有应用价值，因此条文中作了原则规定。以前低压同步电动机都采用定子回路的过负荷保护兼作失步保护，随着电力电子技术的发展，在转子回路中装设失步保护或失步再整步装置等是可行的，因此，条文中列入了这些内容。此外，当同步电动机由专用变频设备供电时，特别是具有转速自适应功能时，失步情况与由电力系统供电时不同，可另行处理。

14）直流电动机的使用情况差别很大，其保护方式与拖动方式密切相关，规范中只能作一般性规定。条文中“并根据需要装设过负荷保护”，这里的“过负荷保护”也包括保护电动机堵转的过负荷保护。

15）电动机综合保护器目前国内已有许多生产厂家能够生产，可实现多种保护功能，其内部的微处理器能用复杂的算法编制程序，精确地描述实际电动机对正常和不正常情况的相应曲线，能保护多种起因的电动机故障，并有许多监控功能。

16）旋转电动机励磁回路额定电流一般较小，过负荷能力强，且励磁回路一旦断电，容易造成“飞车”现象，导致出现更大的危害。

《工业与民用供配电设计手册（第三版）》（以下简称《配三》）中要求，在满足各种要求前提下，保护开关长延时整定值要接近并大于额定电流。

有不少设计单位这样执行，按计算电流的 1.5 倍选择开关。这个有一定道理，但是不严谨，应深入理解，尤其需要注意的是 GB 50055—2011 的 2.3.5 条中瞬动整定电流为起动电流最大有效值的 2~2.5 倍的要求。

瞬动校验如下：

常见笼型电动机起动倍数一般为 5~7（个别特殊的为 13，常规民用建筑一般不考虑），C 型断路器瞬动倍数为 5~10（一般产品实际为 7~8），D 型断路器瞬动倍数为 10~20（一般产品实际为 15~18），电动机一般选择 D 型。按最不利校验，电动机起动倍数为 7，D 型断路器瞬动倍数为 10。

$I_n \times 10 > I_B \times 7 \times 2$，由此得到 $I_n > 1.4I_B$，取 1.5 倍；按瞬动整定电流为起动电流最大有效值的 2.2 倍来计算，则是 1.54，也取 1.5 倍，这是前面提到的 1.5 倍经验值的来源。

例如 7.5 kW 的电动机，额定电流为 15 A，起动倍数为 7。下面列举三种情况：

① 上述方法选择，开关最小为 15×1.5 A = 22.5 A，取 25 A。因此，实际设计中，大多会选择 25 A 开关，也有为了可靠选择 32 A 的。这个是常规，方便快捷，没有太大问题，但是偏离《配三》中接近额定电流的要求。另外保护整定可能困难，距离稍远，灵敏度不好满足，为满足灵敏度大幅增加导线截面并不合理。

② 如果不按这个要求，按比 15 A 大就行，选择 16 A，并错误地选择 C 型。16×10>15×7×2 不成立，一般产品瞬动倍数实际为 7~8，5~10 倍的都是合格产品。按 10 倍校验尚不能满足起动要求。如果选择 C 型，需要按最不利的 5 倍瞬动校验。$I_n \times 5 > I_B \times 7 \times 2$，得出 $I_n > 2.8I_B = 42$ A，最小选 50 A 开关（一般产品为 7~8 倍，即使按 7 倍，开关长延时也是计算电流的 2 倍左右），导线载流量至少要大于 50 A，明显不合理，这就是为什么电动机需要选择 D 型断路器。此处选择不当，将会出现断路器瞬动躲不开起动电流，无法起动或频繁故障。

③ 如何贴近额定电流？换句话说，如果选择 16 A 开关，那瞬动倍数最小是多少？（某年注册电气工程师考试题目有类似这种题目，求最小倍数，只考查瞬动，实际中还需要考虑更多）

15×7×2/16 = 13.125，最小倍数为 13.125。核心在于 7 倍起动电流情况下瞬动是起动 2~2.5 倍的要求，注意这仅是判断瞬动的要求，此外还应考虑起动曲线和脱扣曲线。当开关无过负荷保护时，只需要满足瞬动，此时当瞬动倍数较大，如 14~15 以上时，只要开关长延时大于电动机额定电流即可。（严谨地讲，此时仍然需要考虑电压偏差对电动机额定电流的影响，同时需要考虑环境对开关脱扣曲线的影响，所以，最终仍然需要考虑一定余量）

长延时校验如下：

长延时脱扣器用作电动机过负荷保护时，其整定电流应接近但不小于电动机的额定电流，且在 7.2 倍整定电流下的动作时间应大于电动机的起动时间。此外相应的瞬动脱扣器应满足以上瞬动的要求，否则应另外装过负荷保护电器，而不得随意加大长延时脱扣器的整定电流。

校验涉及起动电流曲线和断路器脱扣曲线，断路器脱扣曲线应完全包住起动电流曲线，才能满足要求。严格校验时，需要按厂家提供的选型表（已经通过实验检验过的数据），另外应注意电动机参数不同，曲线不同，厂家不同曲线有差异，环境不同也会影响脱扣曲线和起动曲线。

如《配三》表 12-7 和表 12-8 列出了常用电动机、保护电器及导线选择表。需要注意表格数据仅供参考，还需要注意各种参数的不同引起的变化，不能一味照搬照抄，需要区别重载、轻载、空载、品牌、型号等。

图 8 所示是异步电动机起动曲线和断路器脱扣曲线，注意这只是标称条件小的曲线，实际这两条曲线不应该是两条线，而是四条线，也就是说是一个小范围。尽量贴近，利于保护，但是容易误动作。实际中未知详细曲线的情况居多，很难准确把握。实际电动机端电压会有±5%（甚至是±10%）的电压偏差，电动机不同厂家的差异、断路器的制造误差等，种种原因综合，造成很难准确把握。

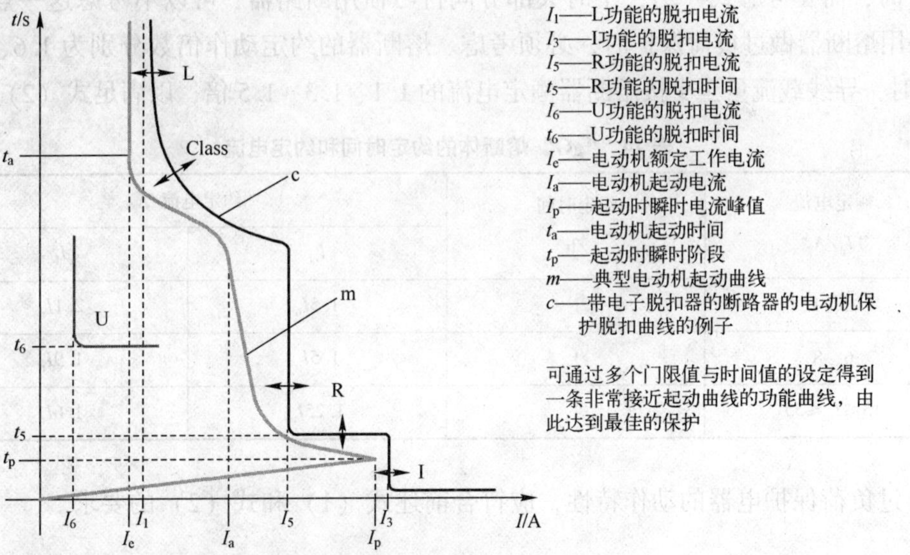

a)

图 8　异步电动机起动曲线和断路器脱扣曲线

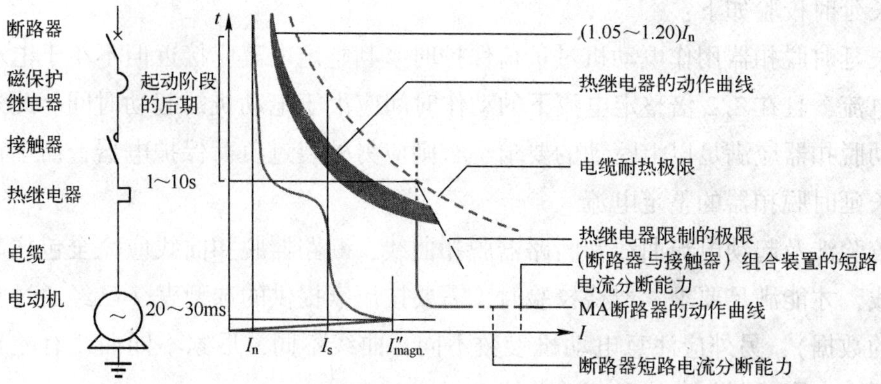

b)

图 8　异步电动机起动曲线和断路器脱扣曲线（续）

19. 用熔断器做保护电器与断路器有何异同？

一般断路器的约定不动作电流是 1.05 倍，约定动作电流是 1.3 倍额定或整定电流。对于熔断器来说，约定不动作和动作电流、约定时间见表 14。对于断路器，由于 $I_2=1.3I_n\leqslant1.3I_Z<1.45I_Z$，因此满足式（1）必然满足式（2）。但当约定动作倍数大于 1.45 时，需要考虑式（2），平时大部分同行习惯用断路器，可以不考虑这一点，但当采用熔断器做过负荷保护时，必须考虑。熔断器的约定动作倍数分别为 1.6、1.9、2.1 时，导线载流量至少按熔断器额定电流的 1.1、1.3、1.5 倍，以满足式（2）。

表 14　“gG”熔断体的约定时间和约定电流

额定电流 I_n/A	约定时间 /h	约定电流/A	
		I_{ef}	I_f
2、4	1	$1.5I_n$	$2.1I_n$
6、8	1	$1.5I_n$	$1.9I_n$
$13\leqslant I_n\leqslant35$	1	$1.25I_n$	$1.6I_n$

过负荷保护电器的动作特性，应符合前述式（1）和式（2）的要求。

20. 影响载流量的常见因素有哪些？

先简单介绍载流量的本质：在正常工作情况下，以电流持续期间产生的热效应为条件，提供导体和绝缘的合理寿命。其他方面的考虑也影响导体截面积的选择，诸如电击保护、热效应保护、过电流保护、电压降及导体所连设备的端子温度限值等方面的要求。

如今公共事业和住宅建设发展迅速，家用电气设备和其他用电设备日渐增多。但不可忽视的是在每年发生的火灾中，电气火灾也呈上升趋势。在短短的几年中，电气火灾比例增长一倍以上，其中相当一部分是由电缆电线的绝缘损坏、过热自燃、接触不良、电缆单相接地和相间短路等故障引起的。因此，如何科学合理地使用电缆电线，准确地选择电缆电线的载流量，合乎规范地进行管理维护，至为关键。

载流量需要考虑交流电阻和直流电阻的差异、趋肤效应和电抗。根据热效应原理，有电流通过，有电阻，则必然产生热效应，过热会影响导体和绝缘的合理寿命甚至着火。导体和绝缘的允许温升值不同、环境温度不同、敷设方式不同都会影响载流量。裸导体虽然没有绝缘层，不需要考虑绝缘允许温度，但导体允许温升也不是无限制的，因为温度超过一定值，导体强度会降低从而造成损坏，同时对周边设备和可燃物可能造成一定影响。如导线必然要与开关连接，开关处可能允许温升有限，另外裸导体温度过高可能引燃附近可燃物，存在安全隐患。

同样截面，导线类型不同、敷设条件不同对载流量也有影响。实际应用中注意各种条件综合考虑。

因最高允许工作温度不同，裸导线明敷设载流量约为绝缘导线明敷设的 1.5 倍。同截面导线载流量有差异，同类型同截面铜芯电缆是铝芯载流量的 1.29 倍。同截面电缆往往比电线载流量大一些，因为电缆导体允许最高温度往往会高一点。

穿管、架空、埋地、桥架等敷设方式的导线载流量不尽相同（如 GB 50217—2007 附录 D 表中列举了常见敷设方式的校正系数，见表 15~表 20）。

表 15　35 kV 及以下电缆在不同环境温度时的载流量校正系数

敷设位置		空气中				土壤中			
环境温度/℃		30	35	40	45	20	25	30	35
电缆导体最高工作温度/℃	60	1.22	1.11	1.0	0.86	1.07	1.0	0.93	0.85
	65	1.18	1.09	1.0	0.89	1.06	1.0	0.94	0.87
	70	1.15	1.08	1.0	0.91	1.05	1.0	0.94	0.88
	80	1.11	1.06	1.0	0.93	1.04	1.0	0.95	0.90
	90	1.09	1.05	1.0	0.94	1.04	1.0	0.96	0.92

除表 15 以外的其他环境温度下载流量的校正系数 K 可按下式计算：

$$K=\sqrt{\frac{\theta_m-\theta_2}{\theta_m-\theta_1}} \tag{4}$$

式中 θ_m——电缆导体最高工作温度（℃）；

θ_1——对应于额定载流量的基准环境温度（℃）；

θ_2——实际环境温度（℃）。

表 16 不同土壤热阻系数时电缆载流量的校正系数

土壤热阻系数/(K·m/W)	分类特征（土壤特性和雨量）	校正系数
0.8	土壤很潮湿，经常下雨。如温度大于 9%的沙土；湿度大于 10%的沙-泥土等	1.05
1.2	土壤潮湿，规律性下雨。如湿度大于 7%但小于 9%的沙土；湿度为 12%~14%的沙-泥土等	1.0
1.5	土壤较干燥，雨量不大。如湿度为 8%~12%的沙-泥土等	0.93
2.0	土壤干燥，少雨。如湿度大于 4%但小于 7%的沙土；湿度为 4%~8%的沙-泥土等	0.87
3.0	多石地层，非常干燥。如湿度小于 4%的沙土等	0.75

注：1. 本表适用于缺乏实测土壤热阻系数时的粗略分类，对 110kV 及以上电缆线路工程，宜以实测方式确定土壤热阻系数。

2. 校正系数适于规范 GB 50217—2016 附录 C 各表中采取土壤热阻系数为 1.2K·m/W 的情况，不适用于三相交流系统的高压单芯电缆。

表 17 土中直埋多根并行敷设时电缆载流量的校正系数

并列根数		1	2	3	4	5	6
电缆之间净距/mm	100	1	0.9	0.85	0.80	0.78	0.75
	200	1	0.92	0.87	0.84	0.82	0.81
	300	1	0.93	0.90	0.97	0.86	0.85

注：本表数据不适用于三相交流系统单芯电缆。

表 18 空气中单层多根并行敷设时电缆载流量的校正系数

并列根数		1	2	3	4	5	6
电缆中心距	$s=d$	1.00	0.90	0.85	0.82	0.81	0.80
	$s=2d$	1.00	1.00	0.98	0.95	0.93	0.90
	$s=3d$	1.00	1.00	1.00	0.98	0.97	0.96

注：1. s 为电缆中心间距，d 为电缆外径。

2. 按全部电缆具有相同外径条件制定，当并列敷设的电缆外径不同时，d 值可近似地取电缆外径的平均值。

3. 本表数据不适用于交流系统中使用的单芯电力电缆。

表 19　电缆桥架上无间隔配置多层并列电缆载流量的校正系数

叠置电缆层数		一	二	三	四
桥架类别	梯架	0.8	0.65	0.55	0.5
	托盘	0.7	0.55	0.5	0.45

注：电缆桥架上无间距配置多层并列，呈水平状并列电缆数不少于 7 根（注意两点，一个是无间距，一个是水平并列不少于 7 根）。

表 20　1~6 kV 电缆户外明敷无遮阳时载流量的校正系数

电缆截面/mm²				35	50	70	95	120	150	185	240
电压/kV	1	芯数	三				0.90	0.98	0.97	0.96	0.94
	6		三	0.96	0.95	0.94	0.93	0.92	0.91	0.90	0.88
			单				0.99	0.99	0.99	0.99	0.98

注：运用本表系数校正对应的载流量基础值，是采取户外环境温度的户内空气中电缆载流量。

21. 30 kW 负荷配多粗的导线？（假设仅考虑载流量因素）

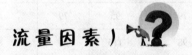

问：30 kW 负荷配多粗的导线？

答：4~240 mm²都有可能。

这个问题需要明确如下几点：

首先需要考虑负荷类型。

考虑功率因数，电梯的功率因数为 0.5~0.6，纯电阻为 1。并应考虑 GB 50055—2011 的 3.3.4 条，电梯或自动扶梯的供电导线应根据电动机铭牌额定电流及其相应的工作制确定，并应符合下列规定：

单台交流电梯供电导线的连续工作载流量应大于其铭牌连续工作制额定电流的 140%或铭牌 0.5 h 或 1 h 工作制额定电流的 90%。

考虑以上情况，计算电流最大可差 2.8 倍[(30/0.5×140%)/(30/1)= 2.8]，计算电流为 45~127 A。（负荷持续率为 25%和 100%时计算电流也可差 2 倍，本处暂不考虑）

其次考虑导线的类型。

因最高允许工作温度不同，散热条件不同，裸导线明敷设载流量约为绝缘导线明敷设的1.5倍，同截面导线同环境下载流量有差异。同类型同截面同环境下铜芯电缆是铝芯载流量的1.29倍。

再次考虑敷设条件和环境（校正系数见GB 50055—2011的4.3.2条）。

穿管、架空、埋地、桥架等敷设方式的导线载流量不尽相同。仅以桥架和直埋敷设举例（详见GB 50217—2007附录C、D，即表21～表24）。

表21　1～3kV油纸、聚氯乙烯绝缘电缆空气中敷设时允许载流量　（单位：A）

绝缘类型		不滴流纸			聚氯乙烯		
护套		有钢铠护套			无钢铠护套		
电缆导体最高工作温度/℃		80			70		
电缆芯数		单芯	二芯	三芯或四芯	单芯	二芯	三芯或四芯
电缆导体截面/mm^2	2.5					18	15
	4		30	26		24	21
	6		40	35		31	27
	10		52	44		44	38
	16		69	59		60	52
	25	116	93	79	95	79	69
	35	142	111	98	115	95	82
	50	174	138	116	147	121	104
	70	218	174	151	179	147	129
	95	267	214	182	221	181	155
	120	312	245	214	257	211	181
	150	356	280	250	294	242	211
	185	414		285	340		246
	240	495		338	410		294
	300	570		383	473		328
环境温度/℃		40					

注：1. 本表数据适用于铝芯电缆；铜芯电缆的允许持续载流量值可乘以1.29。

2. 单芯情况只适用于直流。

表 22　1~3kV 油纸、聚氯乙烯绝缘电缆直埋敷设时允许载流量　（单位：A）

绝缘类型		不滴流纸			聚氯乙烯					
护套		有钢铠护套			无钢铠护套					
电缆导体最高工作温度/℃		80			70					
电缆芯数		单芯	二芯	三芯或四芯	单芯	二芯	三芯或四芯	单芯	二芯	三芯或四芯
电缆导体截面/mm²	4		34	29	47	36	31		34	30
	6		45	38	58	45	38		43	37
	10		58	50	81	62	53	77	59	50
	16	76	66	110	83	70	105	79	68	
	25	143	105	88	138	105	90	134	100	87
	35	172	126	105	172	136	110	162	131	105
	50	198	146	126	203	157	134	194	152	129
	70	247	182	154	244	184	157	235	180	152
	95	300	219	186	295	226	189	281	217	180
	120	344	251	211	332	254	212	319	249	207
	150	389	284	240	374	287	242	365	273	237
	185	441		275	424		273	410		264
	240	512		320	502		319	483		310
	300	584		356	561		347	543		347
	400	676			639			625		
	500	776			729			715		
	630	904			846			819		
	800	1032			981			963		
土壤热阻系数/(K·m/W)		1.5			1.2					
环境温度/℃		25								

注：1. 本表数据适用于铝芯电缆；铜芯电缆的允许持续载流量值可乘以 1.29。

2. 单芯情况只适用于直流。

表 23　1~3kV 交联聚乙烯绝缘电缆空气中敷设时允许载流量　（单位：A）

电缆芯数		三芯		单芯							
单芯电缆排列方式				品字形				水平形			
金属层接地点				单侧		双侧		单侧		双侧	
电缆导体材质		铝	铜	铝	铜	铝	铜	铝	铜	铝	铜
电缆导体截面/mm^2	25	91	118	100	132	100	132	114	150	114	150
	35	114	150	127	164	127	164	146	182	141	178
	50	146	182	155	196	155	196	173	228	168	209
	70	178	228	196	255	196	251	228	292	214	264
	95	214	273	241	310	241	305	278	356	260	310
	120	246	314	283	360	278	351	319	410	292	351
	150	278	360	328	419	319	401	365	479	337	392
	185	319	410	372	479	365	461	424	546	369	438
	240	378	483	442	565	424	546	502	643	424	502
	300	419	552	506	643	493	611	588	738	479	552
	400			611	771	579	716	707	908	546	625
	500			712	885	661	803	830	1026	611	693
	630			826	1008	734	894	963	1177	680	757
环境温度/℃		40									
电缆导体最高工作温度/℃		90									

注：1. 允许载流量的确定，还应符合规范 GB 50217—2007 第 3.7.4 条的规定。

2. 水平形排列电缆相互间中心距为电缆外径的 2 倍。

表 24　1~3kV 交联聚乙烯绝缘电缆直埋敷设时允许载流量　（单位：A）

电缆芯数		三芯		单芯			
单芯电缆排列方式				品字形		水平形	
金属层接地点				单侧		单侧	
电缆导体材质		铝	铜	铝	铜	铝	铜
电缆导体截面/mm^2	25	91	117	104	130	113	143
	35	113	143	117	169	134	169
	50	134	169	139	187	160	200

（续）

电缆芯数		三芯		单芯			
单芯电缆排列方式				品字形		水平形	
金属层接地点				单侧		单侧	
电缆导体材质		铝	铜	铝	铜	铝	铜
电缆导体截面/mm²	70	165	208	174	226	195	247
	95	195	247	208	269	230	295
	120	221	282	239	300	261	334
	150	247	321	269	339	295	374
	185	278	356	300	382	330	426
	240	321	408	348	435	378	478
	300	365	469	391	495	430	543
	400			456	574	500	635
	500			517	635	565	713
	630			582	704	635	796
温度/℃		90					
土壤热阻系数/（K·m/W）		2.0					
环境温度/℃		25					

注：水平形排列电缆相互间中心距为电缆外径的2倍。

仅考虑负荷类型和敷设环境（环境温度按通常的40℃，如环境温度5℃的校正系数为1.4，环境温度55℃的校正系数为0.7，两者相差2倍）两项，计算电流为45~127 A，按45 A（选50 A开关）查表选电缆截面最小为聚氯乙烯单芯4 mm²（直埋敷设），按127 A（选160 A开关）查表选电缆截面最小为（托盘四层电缆敷设）（由I_Z×1.29×0.45>160 A，解得I_Z>275 A）聚氯乙烯四芯240 mm²电缆。如果再考虑环境温度不是常见的40℃，是比较特殊的5℃或者55℃（虽不常见，也不是不存在，例如冬季施工室外环境温度会有低于5℃的情况，一些设备用房可能会有高于40℃的情况），那么电缆截面的范围将更大。常见220 V/380 V低压电缆的截面是2.5~300 mm²，大多条件下会超出此范围，所以单纯说多大功率配多粗的导线非常不严谨，电气技术人员应注意避免出现此类问题。

22. 线路电阻如何计算？

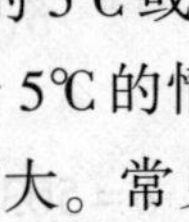

根据欧姆定律，线路有电阻（建筑电气范围内主要是电缆和电线穿管，这时低

压阻抗主要是电阻，尤其是小截面导线工程计算中一般可以忽略电抗，严谨计算则需要考虑电抗，按阻抗计算。当遇到室外架空线时，电抗较大，一般不能忽略），当有电流通过时必然存在电压降。线路电阻的计算难点在于各种情况下阻抗的确定，《配四》中有如下公式和表格：

导线电阻计算：

1）导线直流电阻 R_θ 按下式计算：

$$R_\theta=\rho_0 c_j \frac{L}{S} \tag{5}$$

$$\rho_\theta=\rho_{20}[1+a(\theta-20)] \tag{6}$$

式中 R_θ——导体实际工作温度时的直流电阻值（Ω）；

L——线路长度（m）；

S——导线截面（mm^2）；

c_j——绞入系数，单股导线为 1，多股导线为 1.02；

ρ_{20}——导线温度为 20℃时的电阻率，铝线芯（包括铝电线、铝电缆、硬铝母线）为 0.0282 Ω · mm^2/m（相当于 2.82×10^{-6} Ω · cm），铜线芯（包括铜电线、铜电缆、硬铜母线）为 0.0172 Ω · mm^2/m（相当于 1.72×10^{-6} Ω · cm）；

ρ_θ——导线温度为 θ℃时的电阻率（10^{-6} Ω · cm）；

a——电阻温度系数，铝和铜都取 0.004；

θ——导线实际工作温度（℃）。

2）导线交流电阻 R_j 按下式计算：

$$R_j=K_{jf}K_{lj}R_\theta \tag{7}$$

$$K_{jf}=\frac{r^2}{\delta(2r-\delta)} \tag{8}$$

$$\delta=5030\sqrt{\frac{\rho_\theta}{\mu f}} \tag{9}$$

式中 R_j——导体温度为 θ℃时的交流电阻值（Ω）；

R_θ——导体温度为 θ℃时的直流电阻值（Ω）；

K_{jf}——趋肤效应系数，导线的 K_{jf} 用式（8）计算（当频率为 50 Hz、芯线截面不超过 240 mm^2 时，K_{jf} 均为 1），当 $\delta\geqslant r$ 时 $K_{jf}=1$；$\delta\geqslant 2r$ 时 K_{jf} 无意义，母线的 K_{jf} 见表 25；

K_{lj}——邻近效应系数，导线从图 9 所示曲线求取，母线的 K_{lj} 取 1.03；

ρ_θ——导体温度为 θ℃时的电阻率（$\Omega \cdot cm$）；

r——线芯半径（cm）；

δ——电流透入深度（cm）（因趋肤效应使电流密度沿导体横截面的径向按指数函数规律分布，工程上把电流等效地看作仅在导体表面 δ 厚度中均匀分布，不同频率时的电流透入深度 δ 值见表 26）；

μ——相对磁导率，对于有色金属导体为 1；

f——频率（Hz）。

表 25　母线的集肤效应系数（50 Hz）

母线尺寸（宽×厚）/mm×mm	铝	铜	母线尺寸（宽×厚）/mm×mm	铝	铜
31.5×4	1.000	1.005	63×8	1.03	1.09
40×4	1.005	1.011	80×8	1.07	1.12
40×5	1.005	1.018	100×8	1.08	1.16
50×5	1.008	1.028	125×8	1.112	1.22
50×6.3	1.01	1.04	63×10	1.08	1.14
63×6.3	1.02	1.055	80×10	1.09	1.18
80×6.3	1.03	1.09	100×10	1.13	1.23
100×6.3	1.06	1.14	125×10	1.18	1.25

表 26　不同频率时的电流透入深度 δ 值　（单位：cm）

频率/Hz	铝				铜			
	60℃	65℃	70℃	75℃	60℃	65℃	70℃	75℃
50	1.287	1.298	1.309	1.319	1.005	1.013	1.022	1.030
300	0.525	0.530	0.534	0.539	0.410	0.414	0.417	0.421
400	0.455	0.459	0.463	0.466	0.355	0.358	0.361	0.364
500	0.407	0.410	0.414	0.417	0.318	0.320	0.323	0.326
1000	0.288	0.290	0.293	0.295	0.225	0.227	0.299	0.230

3）线芯实际工作温度。线路通过电流后，导线产生温升，电压降计算公式中的线路电阻 R'，就是温升对应工作温度下的电阻值，它与通过电流大小（即负荷率）有密切关系。由于供电对象不同，各种线路中的负荷率也各不相同，因此线芯实际工作温度往往不相同，在合理计算线路电压降时，应估算出导线的实际工作温度。工程中导线的实际线芯温度可按如下估算：

6~35 kV 架空线路 $\theta=55$℃。

380 V 架空线路 $\theta=60$℃。

35 kV 交联聚乙烯绝缘电力电缆 $\theta=75$℃。

1~10 kV 交联聚乙烯绝缘电力电缆 $\theta=80$℃。

1 kV 聚氯乙烯绝缘及护套电力电缆 $\theta=60$℃。

380 V 插接式母线槽（铜质及铝质）$\theta=75$℃。

380 V 滑接式母线槽（铜质及铝质）$\theta=65$℃。

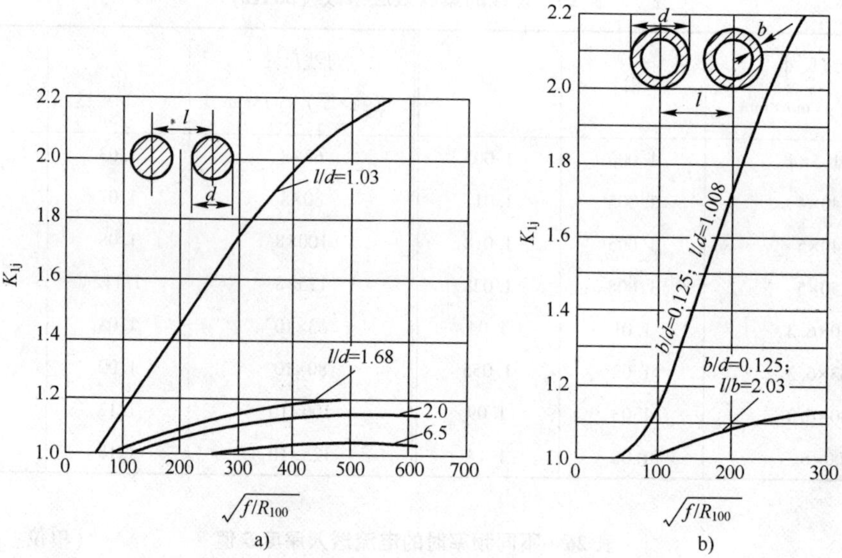

图 9　实心圆导体和圆管导线的邻近效应系数曲线

a）实习圆导体　b）圆管导体

f—频率（Hz）　R_{100}—长 100 m 的电线、电缆在运行温度时的电阻（Ω）

根据这些公式和表格可以看出，直流电阻和交流电阻不同，另外精确计算时还需考虑电抗。注意温度、形状、截面等对导线参数都有影响。如同样负荷、同样环境等，C16 微型断路器配 2.5 mm^2的线 50 m 和 10 mm^2的线 200 m（C16 微型断路器距离达到 200 m 时，考虑到灵敏度需要用 10 mm^2的线），粗略计算时，可以认为二者电压降相同，精确计算，则由于电抗和温度的影响，后者电压降更小。通过同样的电流，同样的环境，10 mm^2的线导体温度明显会低于 2.5 mm^2的线。同一温度下电阻与截面成反比，但电抗不完全成反比，截面越大，电抗变化越小。

综合以上两个因素，可以得出结论：温度对导体阻抗的影响有时候不能忽略。这个结论平时应用不多，但有时候需要考虑，如在火灾时可能温度几百度，这时候消防用电设备的电线电缆的阻抗变化不能忽略；又如供电距离非常远（考虑电压降和灵敏度等）而导致截面增大很多倍的直埋电缆，放大很多倍的电缆导体散热极好，导体温度接近环境温度（按 20℃算），而接近满载的小截面电缆导体温度会在 60~80℃。按前面式（6），导体在 60~80℃时，电阻比 20℃时大 16%~24%。

注意矿物绝缘电缆导体允许温度一般比普通的高，所以按较为不利情况考虑，电压降会比同截面其他类型电缆大一些。消防电缆需要考虑火灾时环境温度剧烈升高，导体电阻也明显增大。火焰温度可达 800~1000℃，此时导体温度可达 400~500℃，电阻增大 3 倍左右，此时仍然要保证系统正常工作，需要适当考虑增加导体截面。较长线路，电压降较大，但一般不会整个线路都在火焰环境之下，按最不利情况，导体截面增加几倍也不合理，消防状态下，切掉非消防设备电源，变压器负荷率会低一些，变压器本身电压降会小一些，也不可能整个线路都在着火环境下，因此只能适当考虑增加导体截面。具体截面还需要结合实际计算，如正常环境温度下计算电压降为 3%~4%，火灾时即使全程都在火灾环境下，线路电压降也就 10%左右，一般变压器处低压侧会在 400 V 左右，能保证末端电压偏差 5%左右，考虑到不可能全线在火灾环境下和末端设备电压偏差略超 5%不影响使用，因此可以判断，如果设计合理，或供电半径合理，或其他原因（如考虑载流量降容、灵敏度、热稳定等已经放大截面），一般不需要单独为此增大截面，如果线路电压降在正常环境温度下已经在电压降允许边缘，那么需要根据实际情况适当放大一两级截面。

由以上分析不难理解，导体允许温度较高，在其他条件相同情况下计算电压降时需要注意，计算值会更大一些。因为温度越高，导体电阻率越大。

23. 线路电压降如何计算？

关于供电电压偏差的限值 GB/T 12325—2008 中有如下要求：

1）35 kV 及以上供电电压正、负偏差绝对值之和不超过标称电压的 10%。

注：如供电电压上下偏差同号（均为正或负）时，按较大的偏差绝对值作为衡量依据。

2）20 kV 及以下三相供电电压偏差为标称电压的±7%。

3）220 V 单相供电电压偏差为标称电压的+7%，−10%。

4）对供电点短路容量较小、供电距离较长以及对供电电压偏差有特殊要求的用户，由供、用电双方协议确定。

解读如下：

第 1）条是 35 kV 及以上供电电压偏差限值的要求，要求正负绝对值之和不超过标称电压的 10%，同时注意如果偏差同号，按较大偏差绝对值作为衡量依据。也就是说，电压偏差必须在 -10% ~ +10%，同时两个偏差的绝对值之和不超过 10%，意味着线路任何一个点的电压偏差不能超过 10%，同时整个线路电压降不能超过 10%（如 35 kV 线路电压降不能超过 3.5 kV）。

第 2）条是 20 kV 及以下三相供电电压偏差限值的要求，要求不超过±7%。意味着线路任何一个点的电压偏差不能超过 7%，当最前端为+7%，最末端为-7%时，线路最大电压降是 14%（如 10 kV 线路电压降不能超过 1.4 kV，380 V 线路电压降不能超过 53.2 V）。

第 3）条是 220 V 单相供电电压偏差限值的要求，要求为+7%，-10%，线路最大电压降是 17%（如 220 V 线路电压降不能超过 37.4 V，注意 220 V 比 380 V 允许偏差比例大，但允许电压降幅值小）。

第 4）条是说供电点容量较小、供电距离较长以及对供电电压偏差有特殊要求的用户，由供、用电双方协议确定。这条主要是对之前几款要求的补充，考虑一些较为特殊的情况，如用电设备允许电压偏差较大，容量小，距离长，线路电压降可适当放宽，当末端电压偏差不满足时，可以考虑其他措施。如 500 ~ 1000 m、1 kW 这种远距离小负荷，不必完全按第三款要求，但应满足使用，线路电压降可以大一些。

关于线路电压降计算，可以参考《配四》第 6 章。

电压偏差计算：

如果在某段时间内线路或其他供电元件首端的电压偏差为 Δu_o，线路电压降为 Δu_1，则线路末端电压偏差为

$$\Delta u_x = \Delta u_o - \Delta u_1 \tag{10}$$

当有变压器或其他调压设备时，还应计入该类设备内的电压提升，即

$$\Delta u_x = \Delta u_o + e - \Sigma\Delta u \tag{11}$$

在图 10a 所示的电路中，其末端的电压偏差为

$$\Delta u_x = \Delta u_o + e - \Sigma\Delta u = \Delta u_o + e - (\Delta u_{l1} + \Delta u_T + \Delta u_{l2}) \tag{12}$$

以上式中 Δu_o——线路首端的电压偏差（%）；

$\Sigma\Delta u$——回路中电压降总和（%）；

Δu_{l1}、Δu_{l2}——高压线路和低压线路的电压降（%）；

Δu_T——变压器电压降百分数（%）；

e——变压器分接头设备的电压提升（%）；常用配电变压器分接头与二次空载电压和电压提升的关系见表 27。

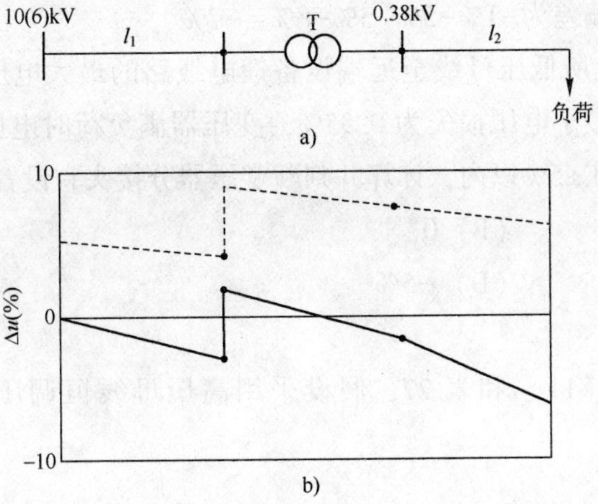

图 10　网络电压偏差计算电路

a）计算电路　b）电路沿线的电压偏差曲线

注：实线表示最大负荷时的电压偏差；虚线表示最小负荷的电压偏差。

表 27　10（20 或 6）±5%/0.4kV 变压器分接头与二次侧空载电压和电压提升的关系

变压器分接头	+5%	0	-5%
变压器二次空载电压①/V	380	400	420
电压提升①	0	+5%	+10%

① 对应于变压器一次端子电压为系统标称电压时的电压。

如果用户负荷不变，地区变电站供电母线电压也不变，则电路沿线各点的电压偏差也是固定不变的。但实际上用户和地区变电站的负荷是在最大负荷和最小负荷之间变动的，电路沿线电压偏差曲线也相应地在图 10b 所示的实线和虚线之间变动。电路某点电压偏差最大值与最小值的差额称为电压偏差范围。由图 10b 可见，用户负荷变化引起网络电压降的变化，从而引起各级线路电压偏差范围逐级加大，形成喇叭状。

例 1：某 10kV/0.4kV 变电站，高压侧最大负荷时电压偏差为-1%，最小负荷时电压偏差为+4%，变压器最大负荷时电压损失为 3%，最小负荷时电压损失为 1%，近端线路最小电压损失为 1%，远端线路最大电压损失为 8%，当变压器在 0 抽头时低压线路电压偏差是否满足规范要求的±7%？

（A）满足　（B）近端满足　（C）远端满足　（D）都不满足

答案：A

解析：根据式（11）和表 27。

近端最大电压偏差为+4%+5%-1%-1%＝7%

远端最大电压偏差为$-1\%+5\%-3\%-8\%=-7\%$

例 2：若从变电所低压母线至远端设备馈电线路的最大电压损失为5%，至近端设备馈电线路的最小电压损失为0.95%，变压器满负荷时电压损失为2%，用电设备允许电压偏差在±5%以内，计算并判断变压器分接头宜设置为下列哪一项？

（A）+5%　　　　（B）0

（C）-2.5%　　　（D）-5%

答案：B

解析：根据式（11）和表27，假设采用高压母线恒调压，偏差为0%（见图11）。

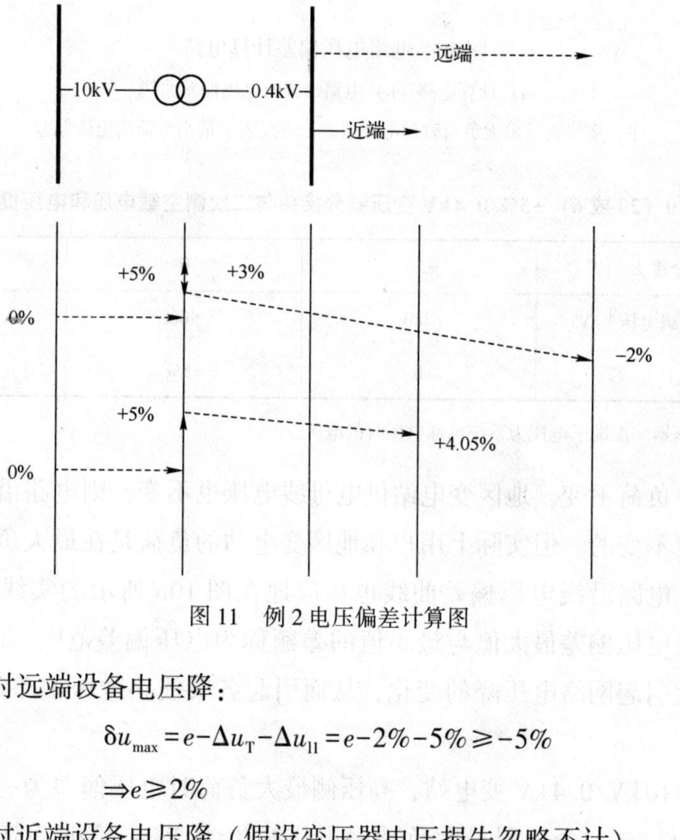

图11　例2电压偏差计算图

最大负荷时远端设备电压降：

$$\delta u_{max}=e-\Delta u_T-\Delta u_{l1}=e-2\%-5\%\geqslant-5\%$$

$$\Rightarrow e\geqslant2\%$$

最小负荷时近端设备电压降（假设变压器电压损失忽略不计）：

$$\delta u_{min}=e-\Delta u_T-\Delta u_{l2}=e-0-0.95\%\leqslant5\%,$$

$$\Rightarrow e\leqslant5.95\%$$

综上e可取5%，即分接头设置为0。

知识点解析：本题有一个大前提，变电站高压侧电压为10 kV，也就是说，只计算低压侧的电压降和电压偏差。正常运行时满足用电设备电压偏差为±5%，只需要校验最大负荷时末端电压偏差和最小负荷时近端电压偏差。

24. 线路供电半径较大如何解决？

正常有条件的情况下，应控制供电半径，从而有效控制线路电压降。但是情况较为特殊时（如临时用电和农网低压线路往往较长），低压供电半径较大或很大，造成线路电压降较大或很大。

主要有以下几种方法来解决供电半径较大的问题：

1）正确选择变压器的电压比和分接头。

2）降低系统阻抗，如采用电缆代替架空线，加大电缆或导线截面等。

3）无功补偿。

调整并联补偿电容器组的接入容量。投入电容器后线路及变压器电压降的减少量，可按式（13）和式（14）估算。

线路

$$\Delta U_{l'} \approx \Delta Q_c \frac{X_1}{1000U_n^2} \times 100\% \tag{13}$$

变压器

$$\Delta U_{T'} \approx \Delta Q_c \frac{u_T}{S_{rT}} \% \tag{14}$$

以上式中 ΔQ_c——并联电容器的投入容量（kvar）；

X_1——线路的电抗（Ω）；

U_n——系统标称电压（kV）；

S_{rT}——变压器的额定容量（kVA）；

u_T——变压器的阻抗电压（%）。

投入电容器后电压提高值的数据见表28。

表28 投入电容器后电压提高值的数据

供电元件	配电变压器									每千米架空线路			每千米电缆线路		
	容量/kV·A									电压/kV			电压/kV		
	315	400	500	630	800	1000	1250	1600	2000	0.38	6	10	0.38	6	10
投入100kvar电容器后电压提高值（%）	1.27 1.27	1.0 1.0	0.8 0.8	0.63 (0.95) 0.71	0.75 0.56	0.6 0.45	0.48 0.36	0.38 0.28	0.3 0.23	28	0.11	0.04	5.5	0.022	0.008

（续）

供电元件	配电变压器									每千米架空线路			每千米电缆线路		
	容量/kV·A									电压/kV			电压/kV		
	315	400	500	630	800	1000	1250	1600	2000	0.38	6	10	0.38	6	10
电压提高1%须投入电容器容量/kvar	79 79	100 100	125 125	158 (105) 140	133 178	167 222	208 278	267 356	333 444	3.6	900	2500	18	4500	12500

注：1. 变压器每栏中第一行是SC（B）10型干式变压器的电压降值，第二行是S11型油浸式变压器的电压降值。

2. SC（B）10型干式变压器，容量不大于630kV·A时阻抗电压为4%（对于630kV·A的容量，括号内为阻抗电压为6%的数据），容量大于630kV·A时阻抗电压为6%。

3. S11型油浸式变压器，容量小于630kV·A时阻抗电压为4%，容量不小于630kV·A时阻抗电压为4.5%。

4. 本表中架空线、电缆电压降的计算参数，架空线的截面采用10mm²，电缆的截面采用50mm²时的线路电抗值做依据。

电网电压过高时往往也是电力负荷较低、功率因数偏高的时候，适时减少电容器组投入的容量，能同时起到合理补偿无功功率和调整电压偏差的作用。如果采用的是低压电容器，调压效果将更显著，应尽量采用按功率因数或电压水平调整的自动装置。

4）调整同步电动机的励磁电流。

在铭牌规定值的范围内适当调整同步电动机的励磁电流，使其超前或滞后运行，就能产生和消耗无功功率，从而达到改变网络负荷的功率因数和调整电压偏差的目的。

5）宜使三相负荷平衡。

6）错峰，一些对电压敏感的用电设备，应尽量错峰，在用电低谷时使用。

如某实例：

某住宅项目分为一期、二期。种种原因下二期的车库变小，专用变压器部分去掉了。只能用一期的专用变压器来带二期的公共部分负荷，有大约800kW负荷供电半径为400~600m，200kW负荷供电半径为1000m，每个配电箱功率为50~200kW。方案已经确定，而且一期已经完工，二期主体已经完成，在这种情况下，需要解决专用变压器供电半径大的问题。

考虑变配电室低压柜的断路器，其瞬动倍数可调，灵敏度相对还好，另外对于实际项目，很多时候没有过多地考虑灵敏度。但电压降和载流量是必须考虑的，如果不满足，将直接影响正常使用，对于这种线路在400m以上的，主要考虑电压降问题。一般供电半径控制在200~250m，设计是合理的，电压降和灵敏度等基本都能满足。对于供电半径明显超出的，需要校验电压降。

当敷设方式为室外直埋时，一般400m需要考虑电压降影响，此时会把导线截面放大1~2级，600m时放大2~3级，最终以实际精确计算为准，如果考虑其他因素如灵敏度加大截面，可能已经满足电压降要求。电缆截面太大或双拼又不太方便，所以只能拆分，原来200kW一个箱子，现在两个箱子，进线截面不变。1000m那条线路单独做补偿。

分析报告如下：

关于某项目专用变压器供电半径问题的分析

（1）情况介绍

由于建筑方案的调整，取消了部分地库，原规划在地库的专用变压器未能实施。目前设计仅在大一期地库内设置了一座专用变压器。

大一期专用变压器供电范围如下：

1）一期地库内所有设备用电；67#~69#单体内商业部分用电；71#（生活水泵房）；72#（配套用房、变电站）。

2）二期：62#~66#单体内商业部分用电；74#（中水泵房）；73#（配套用房、变电站）。

3）二期：地库内所有设备用电。

4）景观用电。

由于专用变压器的位置距二期商业较远，供电距离太长，因此将一期专用变压器至二期的配电线路电压降进行计算，并考虑在二期增设专用变压器的方案。

（2）电压降计算（见表29）

表29　专变配电回路电压降校验

序号	用途	配电箱编号	安装容量/kW	功率因数 cosφ	计算电流/A	线路规格	线路长度/km	电压损失/(%/A·km)	电压降(%)
1	62#、63#商业1	AWsy1	91	0.8	138	YJV-4X150	0.5	0.074	5.10
		AWsy2	136	0.8	206	YJV-4X240	0.5	0.054	5.56
2	64~66#商业2	AWsy1	176	0.8	267	YJV-4X240	0.35	0.054	5.04
		AWsy2	183	0.8	277	YJV-4X240	0.35	0.054	5.24
3	73#配套用房	AW01	231	0.8	350	YJV-4X240	0.35	0.054	6.62
4	中水泵房	AP01	35	0.8	66	YJV-4X35	0.35	0.249	5.78

（续）

序号	用途	配电箱编号	安装容量/kW	功率因数 cosφ	计算电流/A	线路规格	线路长度/km	电压损失/(%/A·km)	电压降(%)
5	热水泵房 2	AP03	105	0. 8	199	YJV-4X120	0. 25	0. 087	4, 33
		AP04	200	0. 8	379	YJV-4X240	0. 25	0. 054	5. 11
6	二期地库	2ALE01（2ALE02）	18	0. 8	34	YJV-5X16	0. 3	0. 518	5. 30
		2AL01（2AL02）	21	0. 8	40	YJV-4X25+E16	0. 3	0. 34	4. 06
		2APE01（2APE02）	89. 8	0. 8	170	YJV-4X150+E70	0. 3	0. 074	3. 78
		2AP01	34. 4	0. 8	65	YJV-4X35+E16	0. 3	0. 249	4. 87
		3AP01	22	0. 8	42	YJV-4X25+E16	0. 3	0. 34	4. 25
		1AP01	43. 2	0. 8	82	YJV-4X50+E25	0. 3	0. 18	4. 42
		2AP02	24. 9	0. 8	47	YJV-4X25+E16	0. 3	0. 34	4. 81

末端商铺电压降校验

	用途	配电箱编号	安装容量/kW	功率因数 cosφ	计算电流/A	线路规格	线路长度/km	电压损失/(%/A·km)	电压降(%)	最大电压降合计(%)
1	63#商业最远商铺	ALsy11	27	0. 8	51	YJV-5X25	0. 09	0. 340	1. 56	7. 13
2	65#商业最远商铺	ALsy21	15	0. 8	28	YJV-5X16	0. 13	0. 518	1. 91	7. 15

一期专用变压器到二期商铺的供电距离较长，尤其是沿街底商，仅干线最远达到 500 m 左右，远大于正常的 200~250 m 供电半径，较为不合理，在放大电缆截面的情况下，算上末端电压降，至最远商铺的电压降达到 7. 15%，原设计最远线路末端电压降在 10%左右，按变压器出口处电压能保证 400V 考虑，勉强满足电压降要求，但白天用电高峰期可能有一定困难，只能说基本能保证使用，高压侧的市政条件很难准确确定，白天高压侧电压最低多少，晚上高压侧能高到多少，都无法准确确定，若为照顾远端让变压器提升 7. 5%，晚上可能近端电压过高，影响寿命或烧损设备，因此不能轻易调整抽头。同时保护整定存在较大困难。

(3) 增设专用变压器的方案

原设计供电距离较长，存在下列缺点：

1）需要放大电缆截面，增加了电缆投资和室外管线。

2）线路上的电能比较大，从节能的角度也很不合理。

3）电缆线路长，阻抗大，保护电器的动作灵敏度下降，安全性降低。

一期专用变压器容量是按带二期考虑的，如果二期另外建专用变压器，一期专用变压器将长期负荷率很低，变压器损耗相对较大。

新建专用变压器，负责二期 62#～66#单体内商业用电、73#配套用房用电、中水泵房常用电及大二期景观用电。其余用电仍由一期专用变压器供电。

由于地库主体结构已经施工完毕，现有梁底净高只有 2.9 m，将专用变压器设在地库比较难以实现，需与相关部门协商可实施性。

新增专用变压器放置在地上，等于改变了规划，需要重新报规划。另外对于销售是一个不利情况，已售的部分未告知有专用变压器，业主可能投诉。

变压器计算见表 30。

表 30　变压器计算

序号	回路编号	用电设备组名称	设备容量 P_e /kW	需要系数 K_x	功率因数 $\cos\varphi$	计算负荷 P_{js} /kW	Q_{js} /kvar	S_{js} /kV·A	I_{js} /A
1		景观照明	40.00	0.80	0.85	32.00	19.83	37.65	
2		中水泵房（常用）	40.00	0.80	0.80	32.00	24.00	40.00	
4		配套用房（73#）	231.00	0.80	0.80	184.80	138.60	231.00	
5		商业	586.00	0.70	0.80	410.20	307.65	512.75	
	补偿前合计		897.00		0.80	659.00	490.08	821.26	
	乘同时系数后 $K\Sigma p=0.9$, $K\Sigma p=0.95$				0.79	593.10	465.58	754.01	
	补偿后功率因数				0.93				
	计算补偿容量						231.17		
	补偿后合计		897.00		0.96	593.10	165.58	615.78	933
	实际补偿容量						300.00		
	变压器容量/kV·A		800.00						
	负荷率		0.77						

25. 线路允许电压降是5%？

线路允许电压降未必是5%！

GB 50052—2009 中有如下规定：

正常运行情况下，用电设备端子处电压偏差允许值宜符合下列要求：

1）电动机为±5%额定电压。

2）照明：在一般工作场所为±5%额定电压；对于远离变电所的小面积一般工作场所，难以满足上述要求时，可为+5%，-10%额定电压；应急照明、道路照明和警卫照明等为+5%，-10%额定电压。

3）其他用电设备当无特殊规定时为±5%额定电压。

注意电压偏差和线路电压降是两个概念，不要混淆。电源处电压-各级线路电压降+各级变压器升压=末端电压，末端电压-标称电压=电压偏差。由于更高等级有逆调压，一般仅考虑10kV和低压侧线路的电压降造成的电压偏差。

平时很多设计人员按低压线路电压降不超过5%来计算，只是某种经验值，并不是规范明确直接的要求。GB 50052—2009 中的±5%的要求是用电设备端子处的电压偏差，并不是对线路电压降的要求。当变压器低压侧为400V，线路电压降5%时，用电设备处的电压大约是380V，电压偏差为0%，线路电压降10%时，用电设备处的电压大约是360V，电压偏差为-5%。

实际中需要考虑高压侧的电压偏差和电压降，变压器的升压，不能只考虑低压部分的影响。高压侧线路允许±7%的偏差限值，如何保证低压侧用电设备±5%的偏差？即使低压线路极短，电压降可以忽略，也不一定满足！如用电低谷期，高压侧电压偏差可能为+7%，变压器提升5%，变压器本身电压降在用电低谷可以忽略，那么近端（如变电站内部照明）电压偏差会超过+10%；又如用电高峰期，高压侧电压编差可能为-7%，变压器提升5%，但变压器本身有2%~3%的电压降，此刻变压器的近端已经接近-5%，稍远就超出规定偏差。

这就决定了任何一点电压不能变化太大，必须控制电压降范围，然后根据电压降范围选择合理抽头。当有条件计算时，按实际条件计算。当缺乏详细资料或不会精确计算时，参考《配四》的要求。

注意要尽量控制高压侧的电压波动范围，如（10±0.2）kV，那么10kV/0.4kV变压器出口处电压偏差最高为+7%，当高压侧为9.8kV且变压器负荷率较高时，变压器出口处已经无法到达400V，比380V高不了多少。所以线路电压降按5%基本能保证末端电压偏差不超过5%。

线路电压降允许值：

在配电设计中，应按照用电设备端子电压偏差允许值的要求和地区电网电压偏差的具体情况，确定电压降允许值。当缺乏详细计算资料时，线路电压降允许值可参考表31。

表31　线路电压降允许值

名　称	允许电压降（%）
从配电变压器二次侧母线算起的低压线路	5
从配电变压器二次侧母线算起的供给有照明负荷的低压线路	3~5
从110（35）kV/10（20或6）kV变压器二次侧母线算起的10（20或6）kV线路	5

通常电力系统在采取各种调压措施后，用户供电点处的电压虽有变化，但一般与系统标称电压偏差不大（远离或邻近上级变电站的位置可能偏差稍大）。对于高压供电的用户，假定配电变压器高压侧为系统标称电压时，低压侧线路允许电压降计算值见表32。

表32　变压器高压侧为系统标称电压时，低压侧线路允许电压降计算值　　（单位：%）

负荷率	$\cos\varphi$	SC（B）10和S11型变压器容量/kV·A								
		315	400	500	630	800	1000	1250	1600	2000
100%	1	8.90 8.78	9.00 8.87	9.02 8.92	9.07（9.05） 9.02	9.13 9.06	9.19 8.97	9.22 9.04	9.27 9.09	9.28 —
	0.95	7.75 7.66	7.84 7.73	7.86 7.77	7.90（7.25） 7.69	7.32 7.74	7.37 7.65	7.41 7.72	7.44 7.76	7.45 —
	0.9	7.33 7.24	7.41 7.31	7.43 7.35	7.46（6.47） 7.20	6.53 7.24	6.58 7.16	6.61 7.22	6.64 7.26	6.65 —
	0.8	6.71 6.64	6.78 6.69	6.79 6.72	6.82（5.69） 6.48	5.74 6.51	5.78 6.45	5.81 6.49	5.84 6.53	5.85 —
	0.7	6.38 6.33	6.44 6.37	6.45 6.39	6.47（5.11） 6.18	5.15 6.20	5.19 6.15	5.21 6.19	5.23 6.22	5.24 —
	0.6	6.26 6.22	6.30 6.25	6.31 6.27	6.33（4.69） 5.90	4.73 5.92	4.76 5.88	4.78 5.91	4.80 5.93	4.80 —
	0.5	6.12 6.09	6.15 6.11	6.15 6.12	6.16（4.40） 5.71	4.42 5.72	4.45 5.69	4.46 5.71	4.48 5.73	4.48 —

（续）

负荷率	cosφ	SC（B）10 和 S11 型变压器容量/kV·A								
		315	400	500	630	800	1000	1250	1600	2000
80%	1	9.12	9.20	9.22	9.25（9.24）	9.30	9.35	9.38	9.41	9.42
		9.03	9.10	9.13	9.21	9.25	9.18	9.23	9.28	—
	0.95	8.20	8.27	8.29	8.32（7.80）	7.86	7.90	7.92	7.96	7.96
		8.12	8.18	8.22	8.16	8.19	8.12	8.12	8.21	—
	0.9	7.87	7.93	7.94	7.97（7.25）	7.30	7.34	7.37	7.40	7.40
		7.80	7.85	7.83	7.76	7.79	7.73	7.78	7.81	—
	0.8	7.45	7.50	7.51	7.54（6.45）	6.49	6.53	6.55	6.57	6.58
		7.39	7.44	7.46	7.26	7.29	7.24	7.28	7.30	—
	0.7	7.19	7.23	7.24	7.26（6.09）	6.12	6.15	6.17	6.19	6.19
		7.14	7.18	7.19	6.84	6.86	6.82	6.85	6.87	—
	0.6	7.01	7.04	7.05	7.06（5.75）	5.78	5.81	5.82	5.84	5.84
		6.88	7.00	7.02	6.62	6.63	6.60	6.63	6.64	—
	0.5	6.80	6.82	6.82	6.83（5.52）	5.54	5.56	5.57	5.58	5.58
		6.77	6.79	6.80	6.46	6.48	6.45	6.47	6.48	—

注：1. 变压器每栏中第一行是SC（B）10型干式变压器的电压降，第二行是S11型油浸式变压器的电压降。

2. 本表按用电设备允许电压偏差为±5%，变压器空载电压比低压系统标称电压高5%（相当于变压器高压侧为系统标称电压）进行计算，将允许总的电压降10%扣除变压器电压降，即得本表数据。当照明允许偏差为+5%～-2.5%时，应按本表数据减少2.5%。

掌握本问知识的意义或实际应用：当处于甲方或优化公司想优化设计而受制于线路电压降时，可以不必太考虑电压降，更没有规范说是按5%，完全可以按10%考虑电压降。当处于设计方不想用太小的导线又迫于甲方的要求，需要有一定依据时，也可以利用这个观点，即使低压部分线路电压降按5%甚至3%考虑，也不一定能保证用电设备端电压偏差在±5%以内。

26. 多大功率电动机能直接起动？

实际工作中经常遇到这样的问题，30kW 电动机能直接起动吗？多大功率以上电动机不能直接起动？或者说多大功率以下可以直接起动？

下面主要在电压降影响层面探讨这个问题，同时兼顾其他因素影响。

以最常见的笼型电动机为例，全压起动是最简单、最经济、最可靠的起动方式，只要符合规定的条件，就应采用这种起动方式。主要考虑的条件有两个，即配电母线电压降和额定容量在变压器的占比，别无其他条件。诸如电动机额定容量超变压器容量3%和多少千瓦以上不能直接起动的说法不够严谨！

30kW电动机能直接起动吗？如果是30kV·A的杆架式变压器，显然不能，如果是大厦中2500kV·A的干式变压器，显然可以。如果是630kV·A的箱式变压器，行不行？如何判断？

知识储备一：GB 50055—2011的2.2.2条中交流电动机起动时，配电母线上的电压应符合下列规定：

配电母线上接有照明或其他对电压波动较敏感的负荷，电动机频繁起动时，不宜低于额定电压的90%；电动机不频繁起动时，不宜低于额定电压的85%。

配电母线上未接照明或其他对电压波动较敏感的负荷，不应低于额定电压的80%。

配电母线上未接其他用电设备时，可按保证电动机起动转矩的条件决定；对于低压电动机，尚应保证接触器线圈的电压不低于释放电压。

知识储备二：常见机械所需的起动转矩可在额定转矩的12%~150%的大范围变化，相应的笼型电动机端子电压为额定电压的35%~120%。

知识储备三：从过去30kV·A的杆架式变压器，到小区630kV·A的箱式变压器，直到大厦中2500kV·A的干式变压器，相差近百倍！

知识储备四：计算公式为，电动机起动时母线电压降百分数=变压器短路阻抗百分值×(起动电流+起动时刻变压器已有负荷电流)/变压器额定电流。

知识储备五：一般变压器负荷率不宜超过85%，按最不利情况，考虑变压器正常负荷率在80%~85%，当电动机额定容量不超过变压器额定容量2%时，也就是起动容量不超过变压器额定容量的15%的情况下，变压器低压侧电压仍然略高于380V，计算中可按380V计算，结果偏保守。当电动机起动容量占比与负荷率之和超过100%时，需要考虑变压器本身的电压降。

目前使用的变压器容量较大，所以不超过变压器额定容量的30%一般不用校验，也非常容易校验。因此主要需要考虑的是电动机回路的电压降不影响其他负荷，在上级配电箱处的电压降才对其他负荷有影响。核心在于电动机7倍（一般起动倍数最大为7左右，按最不利的7倍考虑）额定容量对电网电压影响满足要求就能直接起动。

实例（基本条件：变压器容量为1000 kV·A，$U_k = 6\%$，变压器负荷率为75%）：

起动电流按 7 倍考虑，不频繁起动，母线电压不低于标称电压的 85%，基本原理是欧姆定律，计算并不难，此处不详述。例如，电动机功率为 30 kW，直接起动按 7 倍考虑，低压配电室动力箱计算负荷为 150 kW，从变压器到动力箱按 200 m，电缆采用 $3\times185\ mm^2+2\times95\ mm^2$，正常运行按 150 kW 计算，到动力箱电压降为 3.7%。动力箱到电动机 100 m，电缆采用 $3\times35\ mm^2+2\times16\ mm^2$，正常运行时动力箱到电动机电压降为 1.4%。起动时，变压器到动力箱电压降为 8.1%，动力箱到电动机电压降为 9.8%。本例直接起动对配电系统的影响是动力箱所带负荷在起动过程中比正常运行电压暂降 4.4%（8.1%-3.7%=4.4%），起动时动力箱处电压为标称电压的 91.9%（100%-8.1%=91.9%），电动机端电压为标称电压 380 V 的 82.1%（100%-8.1%-9.8%=82.1%），满足直接起动要求。

总结表格见表 33（按上面实例的条件，只是供电距离作为变量）。

表 33　计算结果表格

正常运行状态/m	干线电压降（%）	配电母线电压百分值（%）	支线电压降（%）	电动机端电压百分值（%）
100	1.85	98.15	1.40	96.75
200	3.70	96.30	2.80	93.50
300	5.55	94.45	4.20	90.25
400	7.40	92.60	5.60	87.00
500	9.25	90.75	7.00	83.75
600	11.10	88.90	8.40	80.50
700	12.95	87.05	9.80	77.25
800	14.80	85.20	11.20	74.00
900	16.65	83.35	12.60	70.75
起动状态/m	干线电压降（%）	配电母线电压百分值（%）	支线电压降（%）	电动机端电压百分值（%）
100	4.05	95.95	9.80	86.15
200	8.10	91.90	19.60	72.30
300	12.15	87.85	29.40	58.45
400	16.20	83.80	39.20	44.60
500	20.25	79.75		
600	24.30	75.70		
700	28.35	71.65		
800	32.40	67.60		
900	36.45	63.55		

一般情况推导：

正常运行情况下，电动机端子处电压偏差允许值不宜超过±5%额定电压，不应超过±7%额定电压。按表 33 正常运行状态干线和支线各 200 m，末端电压百分值为 93.5%，满足要求。起动状态下干线末端（动力箱处）电压为标称电压的 91.9%>85%，电动机端电压为标称电压的 72.3%>35%，满足要求。

按起动状态考虑，由表 33 可知，只要干线和支线长度均不超过 300 m，即可满足起动时母线电压不低于标称电压的 85%（87.85%>85%），电动机端电压不低于标称电压的 35%（58.45%>35%）。当然实际设计中，尽量不要卡在临界值，供电距离过长也不合理。(供电半径不宜超过 250 m，有时候 300~400 m 也比较常见)

变压器到低压配电室干线为 300 m，低压配电室到电动机支线为 300 m，在常见建筑电气中算距离非常远的，这种情况下 30 kW 电动机直接起动能满足电压降要求。一般距离和功率均比上述值小，所以都可以满足要求。这是一些设计院的经验值的由来，如电动机不超变压器容量的 3%可以直接起动，或者按起动倍数为 7 推导出来也是 3%左右，因为这个值可以满足供电距离五六百米的直接起动要求，所以当供电距离较近，或电动机与变压器低压母线直接相连时，这个值过于保守，并不合理。

由表 33 不难推导，当电动机功率为 55 kW 时，若供电距离干线和支线都在 100 m 内，则按知识储备四的公式考虑变压器的电压降 7%，再加干线电压降 8%，支线电压降 20%，动力箱处电压百分值为 90%（105%-7%-8%=90%），满足直接起动压降要求，电动机端电压为 70%（105%-7%-8%-20%=70%），满足直接起动要求。

当电动机直接与变压器母线连接时，直接按知识储备四的公式计算。示例如下：以基本条件变压器容量为 1000 kV · A，$U_k=6\%$，变压器负荷率为 75%来计算可以直接起动的最大功率。按起动倍数 7 考虑（电动机额定功率用 P 表示，电动机功率因数一般为 0.75~0.8，额定电流非常接近 $2P$，变压器额定电流非常接近容量的 1.5 倍，实际计算时按实际情况，本处仅为推导用，不影响推导结果)：

$$105\%-6\%\times(P\times2\times7+1000\times1.5\times75\%)/(1.5\times1000)>85\%$$

计算得出 $P<259$ kW（按电动机最大值起动后，变压器正常工作负荷率已经高于 100%，此处仅为电压降计算示例），根据起动时端电压不能低于 35%额定电压，也就是，线路电压降不超过 50%（85%-35%=50%）来确定供电距离。

当上述示例电动机起动前变压器负荷率为 50%（300kW 电动机起动后，负荷率约为 85%）时

$$105\%-6\%\times(P\times2\times7+1000\times1.5\times50\%)/(1.5\times1000)>85\%$$

计算得出 $P<304\,\text{kW}$（按电动机最大值起动后变压器负荷率约为84%）。由此可以看出，当正常运行时变压器负荷率不大于85%（规范要求变压器负荷率不宜高于85%，所以宜为75%~85%，不应低于60%）时，电动机直接与变压器母线连接的额定容量不超过变压器容量30%的，一般可以直接起动。（本例只是一般原理推导和计算，在工程应用中近似估算可以直接引用30%这个结果。例如，占变压器容量20%的电动机与变电所低压母线直接相连时，无须计算，确定可以直接起动。当需准确计算或卡在30%的边缘时应注意变压器本身参数差异，应按实际参数和上述公式计算）

表34列出了6(10)/0.4kV变压器允许直接起动笼型电动机的最大功率。

表34　6(10)/0.4kV变压器允许直接起动笼型电动机的最大功率

变压器供电的其他负载 S_{fh}/kV·A及其功率因数	起动时的电压降 ΔU（%）	供电变压器的容量 S_b/kV·A														
		100	125	160	180	200	250	315	320	400	500	560	630	750	800	1000
		起动笼型电动机的最大功率 P_d/kW														
$S_{fh}=0.5S_b$	10	22	30	30	40	40	55	75	75	90	110	115	135	155	180	215
$\cos\varphi=0.7$	15	30	40	55	55	75	90	100	100	155	155	185	225	240	260	280
$S_{fh}=0.6S_b$	10	17	22	30	30	40	55	75	75	90	110	115	135	135	155	185
$\cos\varphi=0.8$	15	30	30	55	55	75	90	100	100	155	185	185	225	240	260	285

注：表中所列是指电动机与变电所低压母线直接相连时的数据。

当变压器空载，也就是电动机有专用变压器时，按知识储备四的公式计算，负荷率代入0，只需要考虑电动机端电压不低于35%，则

$$105\%-6\%\times(P\times2\times7+1000\times1.5\times0\%)/(1.5\times1000)>35\%$$

如果供电距离非常近，可忽略线路电压降，只考虑变压器电压降计算得出 $P<1250\,\text{kW}$。所以变压器-电动机组是不需要校验电压降的，只需要考虑最大电流。电动机专用变压器情况下，只要电动机容量不超过变压器容量即可，经常起动或重载起动时，变压器容量应比电动机容量大15%~30%。

应注意下面内容（摘自《配三》第6.4节）：

1）电动机起动时，供电变压器容量的校验如下：若每昼夜起动不超过6次，每次持续时间 t 不超过15s，变压器的负荷率 β 小于0.9（或 t 不超过30s而 β 小于0.7）时，起动时的最大电流允许为变压器额定电流的4倍；若每昼夜起动10~20次，则允许最大起动电流相应地减为2~3倍。变压器-电动机组的变压器容量应大于电动机容量，经常起动或重载起动时，变压器容量应比电动机容量大15%~30%。

2）电动机起动时，母线上的电压下降相对值可用负荷变动量计算

$$\Delta u_{\mathrm{stm}}=\frac{S_{\mathrm{st}}}{S_{\mathrm{km}}+Q_{\mathrm{fh}}+S_{\mathrm{st}}} \tag{15}$$

3）如果电源容量不太大，发电机容量为电动机额定起动容量的 1~1.4 倍时，则母线电压的计算值需留裕量。

以上是按电动机起动时配电母线电压不宜低于额定电压的 85%考虑的，80%和 90%的情况读者可自行按上述方法计算。另外这里的数据也是有一定前提条件的，切忌生搬硬套，应活学活用。

在实际图样中，很多 18.5 kW 和 22 kW 电动机不分供电距离，不看变压器容量，一律按超过 15 kW 不能直接起动考虑，这在增加造价的同时，降低了可靠性，非常不合理！具体情况应结合实际去考虑，甲方和设计都应重点关注。

注意以上仅为某种条件下的近似推导，而且忽略了起动时的功率因数变化的影响，实际电动机起动时功率因数比正常运行时低，因此不能随意引用以上计算结论，仅做某种分析、理解用。另外，以上分析主要是针对变压器容量、电动机额定容量、起动容量之间的关系和电压降的情况。实际中还需考虑，较大电动机直接起动可能出现一些未知的影响，如较大电动机的一些控制可能对电压比较敏感，较小容量电动机可能因为直接起动导致需要选择延时较长的开关，这样可能导致导线截面增大或灵敏度难以满足。一定条件下，如变压器-电动机组，只需要变压器容量大于电动机容量即可满足直接起动和正常运行的需要，当经常起动或重载起动时，变压器容量需要比电动机容量大 15%~30%。另一方面需要注意，30 kW 电动机或更低不代表肯定满足直接起动的条件。例如变压器容量极小，为 30 kV·A，如果还带了其他负荷，那么 22 kW 电动机不能直接起动也是很正常的事情。即使变压器容量不小，为 2000 kV·A，但线路较远，直接起动电压降太大，也可能导致无法直接起动。同时需要注意，变压器不同，性能不同，过负荷能力不同（过负荷时间和倍数都不同），电动机不同，起动曲线（起动倍数和起动时间）不同，都有影响，所以不能单纯而绝对地下结论，需要基本原理结合变压器和电动机的实际参数，综合考虑，不能单纯说多大功率能直接起动，多远能直接起动。另外有条件时，大功率电动机应尽量靠近变压器。

27. 上下级断路器过负荷保护（长延时）的选择性如何保证？

选择性的概念：

全选择性是指在两台串联的过电流保护装置的情况下，负荷侧的保护装置实行保护时而不导致另一台保护装置动作的过电流选择性保护。

局部选择性是指在两台串联的过电流保护装置的情况下，负荷侧的保护装置在一个给定的过电流值及以下实行保护时而不导致另一台保护装置动作的过电流选择性保护。

选择性极限电流 I_s 是指负荷端的保护电器的总的时间-电流特性与另一个保护电器的弧前（是指熔断器）或脱扣（是指断路器）时间-电流特性交点的电流坐标。选择性极限电流是一个电流极限值：

1）在此值以下，如有两个串联的过电流保护电器，负荷端的保护电器及时完成它的分断动作，防止上一级保护电器开始动作（即保证选择性）。

2）在此值以上，如有两个串联的过电流保护电器，负荷端的保护电器可以不及时完成分断动作来防止上一级保护装器开始动作（即不保证选择性）。

交接电流 I_B 是两个串联的过电流保护电器的最大分断时间-电流特性交点的电流值。

解读：通俗地说，选择性就是故障的最近一级保护动作而上级保护不动作；全选择性就是任何条件下都满足选择性，局部选择性就是在一定条件下满足选择性。

选择性的出处：

GB 50054—2011 正文 6.1.2 条中配电线路装设的上下级保护电器，其动作特性应具有选择，且各级之间应能协调配合，非重要负荷的保护电器，可采用部分选择或无选择性切断。

条文说明：随着低压电器的快速发展，上下级保护电器之间的选择、配合特性不断改善，对于过负荷保护，上下级保护电器动作特性之间的选择性比较容易实现。例如，装在上级的保护电器采用具有定时限动作特性或反时限动作特性的保护电器，对于熔断器而言，上下级的熔体额定电流比只要满足 1.6:1 即可保证选择性；上下级断路器通过其保护性曲线的配合或者短延时调节不难做到这一点。但对于短路保护，要做到选择性配合还有一定难度，需综合考虑脱扣器电流动作的整定值、延时、区域选择性联锁、能量选择等多种技术手段。根据目前低压电器的技术发展情况，完全实现保护的选择性还是有一定难度的，从经济、技术两方面考虑，对于非重要负荷还是允许采用部分选择性或无选择性切断。

解读：重要负荷要求高，越级跳闸造成损失较大，所以规范明确必须要考虑选择性，对于非重要负荷，要考虑重要性、必要性和经济性，可以不考虑选择性。

选择性动作的意义和要求：电压配电线路发生短路、过负荷和接地故障时，既要保证可靠地分断故障回路，又要尽可能地缩小断电范围，减少不必要的停电，即有选择性地分断。这就要求合理设计低压配电系统，准确计算故障电流，恰当选择保护电器，正确整定保护电器的动作电流和动作时间，才能保证有选择性地切断故障回路。

很多初学者认为上级开关比下级开关大一级是常规做法，其实并不是这么简单。微型断路器全选择性很难做到，而部分选择性，大一级也不一定能保证过负荷保护的选择性，一般做法是通过大 2~3 级来保证过负荷保护的选择性。

图 12 所示为安秒曲线，在安秒曲线中有交叉就无法保证选择性。

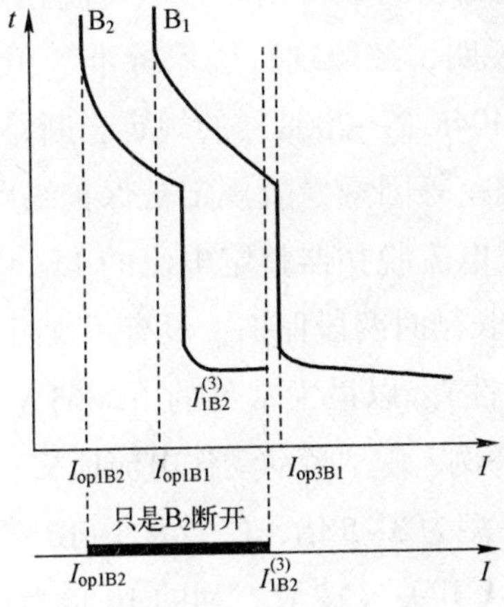

图 12　安秒曲线

图中，I_{op1B1}、I_{op1B2}——断路器 B_1、B_2 的长延时脱扣器整定值；I_{op3B1}、I_{op3B2}——断路器 B_1、B_2 的瞬时过电流脱扣器整定值；$I_{fB2}^{(3)}$——断路器 B_2 出口三相短路电流值。

例如，20 A 和 25 A 微型断路器，电流为 1.25 倍关系，注意 1.05 倍长延时整定值以内，约定时间内不脱扣，1.3 倍及以上长延时整定值约定时间脱扣。根据某厂家提供信息，长延时微型断路器有 15%制造误差（各个厂家产品均有制造误差，误差实际范围大同小异）。20×(1+15%) A = 23 A>25×(1−15%) A = 21.25 A，长延时也同样无法保证选择性（这里尚未考虑环境不同产生的校正系数）。一般至少要 1.6 倍才有选择性，1.6 倍是差两级，个别差一级（微型断路器常见规格有 10 A、16 A、20 A、25 A、32 A、40 A、50 A 和 63 A，只有 10 A 和 16 A 是 1.6 倍关系，而 10 A 用得少，后面几种规格是最常见的，所以一般至少差两级才可能有一定选择性）。如果考虑环境不同产生的影响，可能差两级仍然无法确定过负荷保护的选择性，需要差三级才能保证。选择性的可靠性无止境，常规以两到三级级差来满足一般情况下的过负荷保护的选择性。

28. 上下级断路器短路保护（瞬动和短延时）的选择性如何保证？

关于断路器制造误差的相关内容规范出处：

GB 50054—2011 正文 6.2.4 条中，当短路保护电器为断路器时，被保护线路末端的短路电流不应小于断路器瞬时或短延时过电流脱扣器整定电流的 1.3 倍。

GB 50054—2011 条文说明，按照现行国家标准《低压开关设备和控制设备 第 2 部分：断路器》（GB/T 14048.2—2008）的规定，断路器的制造误差为±20%，再加上计算误差、电网电压偏差等因素，故规定被保护线路末端的短路电流不应小于低压断路器瞬时或短延时过电流脱扣器整定电流的 1.3 倍。

微型断路器只有瞬动和长延时两段保护，没有短延时，所以选择性只能通过瞬动大小来确定（只有电流选择性）。以最为常见的 16~63 A（施耐德微型断路器最大可以做到 125 A）微型断路器举例，C 型瞬动动作电流值按长延时整定电流的 5~10 倍考虑（一般 A 型为 2~3 倍，B 型为 3~5 倍，C 型为 5~10 倍，D 型为 10~20 倍），当故障电流在 160 A 以下时连 16 A 开关（按最不利的 10 倍考虑）都无法保证瞬动，也就是上下级可能都不瞬动，同样当故障电流大于 315 A 时，连 63 A 开关（按最不利的 5 倍考虑）都有可能瞬动，因此当故障电流在 160 A 以下或 315 A 以上时选择性无从谈起，仅当故障电流在 160 A~315 A 时，才能保证微型断路器有选择性。正是因为让微型断路器有选择性的故障电流范围非常小，所以微型断路器很难有选择性。

实例一：20 A 和 25 A 微型断路器，瞬动均按 10 倍考虑，故障电流为多少时有选择性？$20\times10\times1.3$ A = 260 A > 25×10 A = 250 A，所以不管故障电流多大，都无法保证选择性。（通俗地讲，瞬动整定 1~1.3 倍可能但不一定在约定时间内动作，1.3 倍及以上肯定能在约定时间内动作，断路器上下级之间一般是 1.25 倍关系，1.25 < 1.3，所以无法保证选择性）

实例二：下级 16 A 微型断路器，上级微型断路器整定电流至少为多少才能保证电流选择性？16 A 按最不利的 10 倍，同时考虑 1.3 倍（可靠系数，可以理解为上下级开关环境不同对瞬动的影响），上级按最不利的 5 倍考虑，则 $16\times10\times1.3/5$ A = 41.6 A，需要选择 50 A 微型断路器。$16\times10\times1.3$ A = 208 A，50×5 A = 250 A，所以当故障电流在 208~250 A 时才有选择性。各种短路形式的短路电流在这一极小范围极难实现，所以选择性难实现。

注意短路故障有可能是 L-PE、L-L 和 L-N 短路，对于末端线路，当 L、N、

PE 等截面时，L-L 与 L-PE 故障电流大约差$\sqrt{3}$倍。既要保证 16 A 开关所保护线路末端的短路电流大于 208 A 以满足选择性，又要保证 16 A 开关下口两相和三相短路电流不超上级开关瞬动极难，除非上级开关大很多级，而单纯为此大很多级不合理，同时上级的灵敏度难满足，需要大幅增加导线截面。

即便如此，仍然有新的问题，也就是电流选择性的保护死区问题。

如图 13 所示，电源到末端，共计四级保护，C1、C2、C3 和 C4。如 C1 和 C2 之间的选择性问题，C1 下口发生短路，要求 C1 约定时间内动作而 C2 不能动作，根据灵敏度要求，C1 上口发生短路，要求 C2 约定时间内动作。而同类短路如 L-PE，C1 上下口短路电流几乎相等，C2 本身 20%的制造误差根本无法识别如此微小的差别。即使有制造精度极高，能识别任何微小差别的保护电器，仍然无法做到全选择性，因为 C1 下口的 L-L 两相短路电流（如 340 A）大约是 C2 上口 L-PE 短路电流（如 200 A）的$\sqrt{3}$倍，此情况下，C2 精度无论多高，也无法做到较大电流（如 340 A）不瞬动而较小电流（如 200 A）瞬动。

即使只考虑短路故障中占比最大的 L-PE 短路，如必须保证选择性，那么只能 C1 上口有一段线路发生接地故障时 C2 不瞬动，或者 C1 下口发生接地故障时不能保证 C2 不跳，也就是说选择性和灵敏度不能兼顾，这是电流选择性的弊端。

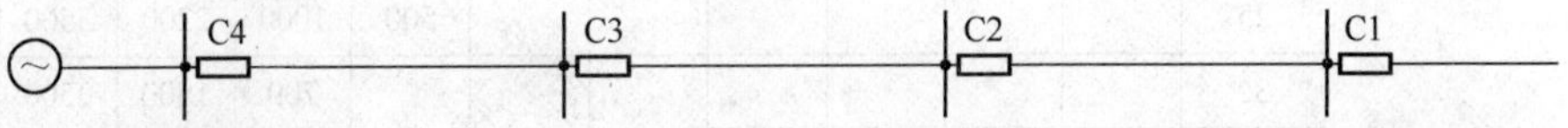

图 13　电流选择性的保护死区

那么如何实现可靠的选择性？

一般需要有短延时，也就是三段保护/选择性断路器。

需要通过延时才能做到选择性，常见的选择配合是下级瞬动和上级短延时配合，从时间上做到选择性。例如，下级 0.01 s 内动作，上级 0.1~0.2 s 动作。时间的级差按 0.1~0.2 s 考虑。同时要求上级短延时整定是下级瞬时的 1.3 倍，以保证选择性的可靠性。如有必要，可以关闭上级的瞬动，这样无论短路电流多大，上级都有固定的人为延时，在这个延时时间内，下级有足够的时间跳闸，因此能保证可靠的选择性。

时间选择性的弊端在于逐级时间增加，对热稳定是个严峻的考验，同时到变压器处延时时间较长，但高压侧往往受制于市政条件，延时时间有限甚至是瞬动。因此，不能随意设置短延时，需要整体综合考虑。

那么选择性还有其他方式吗？

答案是有的，即能量选择。能量是一个积累过程，需要较大能量才能分断的开关在同样短路电流下，需要更长的时间，需要较小能量就能分断的开关，需要较少时间就能分断。如某品牌的能量选择性见表35。

表35　断路器的能量选择性

上级断路器		NG125N/H/L，C120H/L C曲线										
I_n/A		10	16	20	25	32	40	50	63	80	100	125
下级断路器	额定电流/A											
选择性限值/A	0.5	T	T	T	T	T	T	T	T	T	T	
C65N	0.75	T	T	T	T	T	T	T	T	T	T	
B，C曲线	1	800	1000	2000	3000	4500	T	T	T	T	T	T
	2	400	600	1000	2000	3000	3500	4000	T	T	T	T
	3	200	400	400	1300	2100	2300	2500	T	T	T	T
	4		200	300	900	1600	1800	2000	T	T	T	T
	6			200	500	1300	1400	1500	4000	T	T	T
	10				300	800	900	1000	3500	T	T	T
	16					500	650	800	3000	5000	T	T
	20						400	700	2000	3600	5500	T
	25							500	1000	2200	3500	5000
	32								700	1500	2500	4000
	40									1300	1800	3600
	50										1500	2500
	63											2100
选择性限值/A	0.5	10000	10000	10000	10000	10000	10000	10000	10000	10000	10000	10000
C65H/L	0.75	10000	10000	10000	10000	10000	10000	10000	10000	10000	10000	10000
C曲线	1	800	1000	2000	3000	4500	5500	7000	10000	10000	10000	10000
	2	400	600	1000	2000	3000	3500	4000	6000	10000	10000	10000
	3	200	400	400	1300	2100	2300	2500	6000	10000	10000	10000
	4		200	300	900	1600	1800	2000	5000	8000	10000	10000
	6			200	500	1300	1400	1500	4000	6500	8500	10000
	10				300	800	900	1000	3500	6000	6500	8000
	16					500	650	800	3000	5000	6000	7000
	20						400	700	2000	3600	5500	6000
	25							500	1000	2200	3500	5000
	32								700	1500	2500	4000
	40									1300	1800	3600
	50										1500	2500
	63											2100

（续）

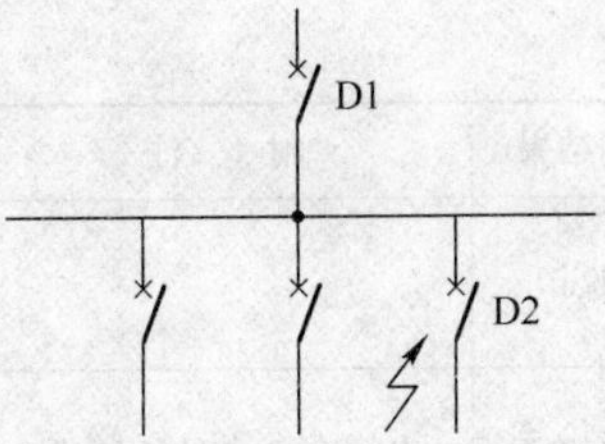

两台配电断路器之间的选择性

如何使用选择性表

■ 两台配电断路器之间的选择性

当两台断路器之间具有完全选择性时，标有 T 符号；当选择性是局部时，表格列出能确保选择性的最大故障电流值。对于大于此值的故障电流，两台断路器同时脱扣。

必要条件

表中所列值在下列工作电压下有效：220 V、380 V、415 V 和 440 V。

上级断路器 D1	下级断路器 D2	上级壳架电流/下级壳架电流	热保护设定值 上级 I_r/下级 I_r	磁保护设定值 上级 I_m/下级 I_m
TM	TM 或 Multi9	≥2. 5	1. 6	≥2
	2Micrologic	≥2. 5	1. 6	≥1. 5
TM	TM 或 Multi9	≥2. 5	1. 6	≥1. 5
	2Micrologic	≥2. 5	1. 3	≥1. 5

解读：根据表格可以明确，哪些开关之间有选择性，哪些开关在约定短路电流以下具有选择性。这是某品牌某型号某条件下的选择性，注意，当条件有变化时，选择性会发生变化。在有电压偏差、上下级冷态和热态差异、环境温度不同时，会存在一定差异。另外设计时不能指定品牌，实际项目如果选用其他品牌，甲方招标时很少还会考虑能量选择性。所以，能量选择性不能照搬照抄，仅从原理和一些实际数据来进行一定定性和定量分析。

以上几种方法，电流选择性、时间选择性和能量选择性都有一定弊端，种种原因之下，都无法保证全选择性。有没有办法保证全选择性？

ZSI 即区域选择性连锁可以保证全选择性。因为上下级有逻辑连锁，可以保证全选择性。但造价极高，同时有信号线，很烦琐，所以实际应用极少。

《工业与民用配电设计手册》中关于瞬时脱扣的相关内容如下：

1）瞬时脱扣范围见表 36。

表 36　瞬时脱扣范围

脱扣形式	脱扣范围
B	$3I_n \sim 5I_n$（含 $5I_n$）
C	$5I_n \sim 10I_n$（含 $10I_n$）
D	$10I_n \sim 20I_n$（含 $20I_n$）①

① 对特定场合，也可使用至 $50I_n$ 的值。

2）时间–电流动作特性见表 37。

表 37　时间–电流动作特性

形　式	试验电流	起始状态	脱扣或不脱扣时间极限	预期结果	附　注
B、C、D	$1.13I_n$	冷态①	$t \geqslant 1\,h$（$I_n \leqslant 63\,A$） $t \geqslant 2\,h$（$I_n > 63\,A$）	不脱扣	
B、C、D	$1.45I_n$	紧接着前面试验	$t < 1\,h$（$I_n \leqslant 63\,A$） $t < 2\,h$（$I_n > 63\,A$）	脱扣	电流在 5 s 内稳定上升
B、C、D	$2.55I_n$	冷态①	$1\,s < t < 60\,s$（$I_n \leqslant 32\,A$） $1\,s < t < 120\,s$（$I_n < 32\,A$）	脱扣	
B C D	$3I_n$ $5I_n$ $10I_n$	冷态①	$t \geqslant 0.1\,s$	不脱扣	闭合辅助开关接通电源
B C D	$5I_n$ $10I_n$ $50I_n$	冷态①	$t < 0.1\,s$	脱扣	闭合辅助开关接通电源

①“冷态”是指在基准校正温度下，进行试验前不带负荷。

3）多极断路器单极负荷对脱扣特性的影响。当具有多个保护极的断路器从冷态开始，仅在一个保护极上通以下列电流的负荷时；对带两个保护极的二极断路器，为 1.1 倍约定脱扣电流；对三极和四极断路器，为 1.2 倍约定脱扣电流。

解读：注意表 37 数据是在“冷态”条件下的，实际中正常运行时，不一定是冷态，所以有的情况下不能完全按此参数。另外，需要注意多极断路器单极负荷对脱扣特性的影响。

29. 上级带接地故障保护断路器与下级非选择性断路器短路保护的选择性如何保证？

有时候供电半径较大，为提高灵敏度，尤其是对地灵敏度，会采用带接地故障保护的断路器。

上级断路器几千安培长延时，带接地故障保护，下级断路器额定电流几十安培才有选择性，这种除非断路器故障，其他情况无论短路电流多大（不超过上级瞬动或上级瞬动关闭的情况），都有选择性。

如某实例：

上级开关为带接地故障保护的断路器，下级为非选择性断路器。上级断路器长延时整定电流为 2000 A，短延时整定电流为 8000 A，接地故障保护整定电流（三相不平衡电流保护整定值）为 400 A，瞬时整定关闭。为满足上下级选择性，下级长延时整定电流=最大为多少安培？

（A）100　（B）40　（C）32　（D）25

解析：依据《配四》P1022 的 11.9.8 条。

$$400/(10\times1.3)\text{A}=30.8\text{A}$$，取 25 A，选 D

这个下级开关如果是 32 A 以上的就不好保证选择性了，25 A 的还可以。当 25 A 开关下口短路电流在 325 A（考虑 1.3 倍）以上时没问题，甚至可以超过 400 A，上级有延时。但是如果下级开关是 32 A，瞬时脱扣整定电流为 320 A，可靠动作电流为 416 A，那么短路电流为 400~416 A 时下级不是瞬动，上级延时也会有限，这种就无法保证选择性。上级长延时整定电流为 2000 A，下级开关全部都是几十安培及以下的情况也是比较罕见的。所以上级带接地故障保护，很难保证选择性（如果上级带剩余电流保护 RCD，那么选择性更难保证，所以应该慎重选择）。

接地故障保护在满足灵敏度的前提下，整定应尽量大一些，以便和下级有选择性。即使接地故障保护整定按 2000 A，即 400 A 的 5 倍，那么下级非选择性断路器长延时最大整定电流也只是 125 A（按瞬动倍数为 10，考虑 1.3 可靠系数，实际计算值最大应该是 154 A），虽然上级提高了灵敏度，但是带来选择性问题。所以，实际中带接地故障保护应用需要慎重。

配电干线没有接地故障保护，按校验灵敏度选择，那么供电半径就比较有限。只是按载流量选择，即使整个低压供电系统的半径不超过 250 m，干线部分 100~150 m，灵敏度也可能比较堪忧。严格按灵敏度校验，可能需要放大截面一两级甚至更多。

实际设计应尽量避免用带接地故障保护的断路器。因为不平衡电流、泄漏电流、谐波电流等较大而可能误动作，而且与下级断路器选择性难保证。

同理，剩余电流保护装置（RCD）整定越小，选择性越难保证，所以前端不宜采用动作于跳闸的 RCD，如果采用，那么必须采用带延时，同时整定电流较大的断路器，而且下级也要采用 RCD，然后再按选择性要求确定 RCD 参数，这样才能保证上下级的选择性。

30. 上下级保护电器短路保护选择性的其他配合还有哪些？

前述几种保护电器的短路保护选择性是在一定条件下的，如同品牌同系列、相

同或非常接近的环境下等。熔断器和断路器的脱扣曲线都是受多种因素影响的，只有实际的脱扣曲线没有交叉时才能保证选择性，当外部条件出现明显偏差时，可能会有不同结果。

熔断器与熔断器的选择性配合：标准规定额定电流16A及以上的串联熔断体的过电流选择比为1.6:1，即在一定条件下，上级熔断体的电流不小于下级熔断体电流的1.6倍，就能实现有选择性熔断。如常见型号25A、40A、63A、100A、160A、250A相邻级间，以及32A、50A、80A、125A、200A、315A相邻级间，均有选择性。级差按1.25倍选择，两级级差为1.25×1.25=1.5625，即保证1.6倍左右，产品额定值也是按这个比例近似生产的。

上级熔断器与下级非选择性断路器的选择性配合：短路时，熔断器的安秒曲线上对应预期短路电流值的熔断时间比断路器瞬动实际大0.1s以上，就能保证下级断路器瞬动，而上级熔断器不熔断，从而满足选择性要求。

上级非选择性断路器与下级熔断器的选择性配合：短路电流大于断路器瞬动动作电流时，断路器瞬动，无法形成选择性。如果满足下级开关以下最大短路电流上级不瞬动，那么上级开关将无法满足最小短路电流时的灵敏度要求。因此无论短路电流在哪个范围，本组合均难以保证选择性同时兼顾灵敏度。

选择性断路器与熔断器的级间配合：由于上级断路器具有短延时功能，一般能实现选择性动作。但必须整定正确，不仅短延时脱扣整定电流及延时时间要合适，还要正确整定瞬时脱扣整定电流。

31. 灵敏度如何校验？

关于灵敏度的相关内容，GB 50054—2011的正文及条文说明如下：

1）配电线路的短路保护电器，应在短路电流对导体和连接处产生的热作用和机械作用造成危害之前切断电源。

2）当短路保护电器为断路器时，被保护线路末端的短路电流不应小于断路器瞬时或短延时过电流脱扣器整定电流的1.3倍。

说明：按照现行国家标准《低压开关设备和控制设备 第2部分：断路器》（GB/T 14048.2—2008）的规定，断路器的制造误差为±20%，再加上计算误差、电网电压偏差等因素，故规定被保护线路末端的短路电流不应小于低压断路器瞬时或短延时过电流脱扣器整定电流的1.3倍。

3）TN系统中配电线路的间接接触防护电器切断故障回路的时间，应符合下列规定：

① 配电线路或仅供给固定式电气设备用电的末端线路，不宜大于 5 s。

② 供给手持式电气设备和移动式电气设备用电的末端线路或插座回路，TN 系统的最长切断时间不应大于表 38 的规定。

表 38　TN 系统的最长切断时间

相导体对地标称电压/V	切断时间/s
220	0.4
380	0.2
>380	0.1

灵敏度是配电设计原则中的灵敏性要求，当出现预期的故障时，能够在约定时间（GB 50054—2011 的 5.2.9 条和产品规范的双重规定）内切除故障。校验灵敏度是为保证人身和设备安全。如果灵敏度不满足，当出现故障时，无法保证在约定时间内切除故障，可能导致导线寿命受损甚至引起火灾。

灵敏度在设计中的应用和计算：

精确计算灵敏度可按《配三》表 4-25 查导线阻抗（表 4-22～表 4-24 是变压器和母线的阻抗，一般末端才考虑灵敏度，末端截面较小，单位阻抗较大，因此可以忽略变压器和母线阻抗，如确实有需要再考虑），注意表下注，关键点是 1.5 倍，故障回路一来一回两条线，这样单位长度的故障回路的阻抗大约是单位长度单根导线正常环境下阻抗的 3 倍。

如计算全塑电缆 $4\times10\,mm^2$ 的导线 200 m 的单相接地故障回路阻抗，单位电阻为 5.262 Ω/km，单位电抗为 0.188 Ω/km，计算得出的阻抗与 5.262 Ω/km 非常接近，工程应用中一般低压小截面的电抗可以忽略，直接用电阻。因此，200 m 的阻抗为 $5.262\times200/1000\,\Omega=1.05\,\Omega$，取 1 Ω。这样标称电压为 220 V，则故障电流为 $220/1\,A=220\,A$。

同理，$2.5\,mm^2$ 的线 50 m 故障回路阻抗大约为 1 Ω。最常见的 C16 微型断路器配 $2.5\,mm^2$ 的线，C 型微型断路器瞬动倍数为 5～10，按最不利的 10 倍考虑，同时考虑 1.3 的可靠系数，可靠瞬动电流为 $16\times10\times1.3\,A=208\,A<220\,A$，这就是忽略前端干线阻抗的情况下（前端干线一般比较大，距离不太远，如 100～150 m，如果截面不太大或距离较长则不能忽略，如 $10\,mm^2$ 的线 200 m 已经和 $2.5\,mm^2$ 的线 50 m 的阻抗基本相等了），考虑灵敏度，C16 配 $2.5\,mm^2$ 的线最长 50 m 左右。

在实际设计中可以按《配三》表 4-25 计算，也可以根据这个阻抗表格自己做个 Excel 表，输入截面和开关参数，直接得出距离。

以上是《配三》表格和计算，《配四》中给出了更加直接公式和表格（《配四》表 11. 2-4）。

TN 系统发生接地故障时，其回路示意图如图 14 所示。

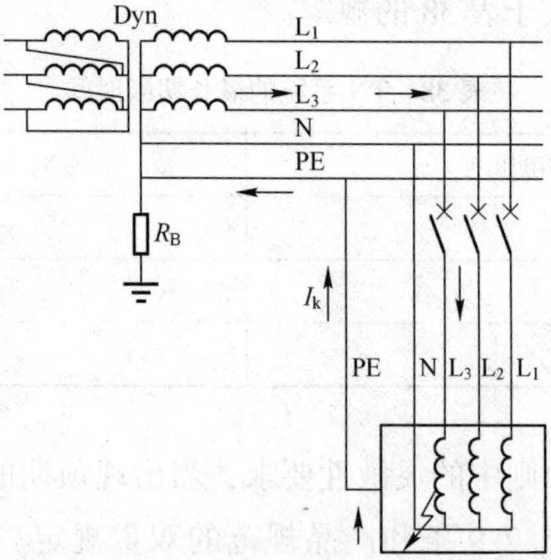

图 14 TN 系统发生接地故障时的回路示意图

计算最小接地故障电流的近似公式为

$$I_k=\frac{(0.8\sim1.0)U_0S}{1.5\rho(1+m)L}k_1k_2 \tag{16}$$

$$k_2=\frac{4(n-1)}{n}$$

式中 0. 8~1. 0——考虑总等电位联结（局部等电位联结）外的供电回路部分阻抗的约定系数，故障点离变压器较远，取 0. 8，故障点离变压器较近，甚至于变压器设在总等电位联结（局部等电位联结）内，取 1. 0，如果已知上述比值的实际值，则用实际值；

1. 5——由于短路引起发热，电缆电阻的增大系数；

U_0——相对地标称电压（V）；

S——相导体截面积（mm^2）；

k_1——电缆电抗校正系数，当 $S\leqslant95\,mm^2$ 时，取 1. 0，当 S 为 $120\,mm^2$ 和 $150\,mm^2$ 时，取 0. 96，当 $S\geqslant185\,mm^2$ 时，取 0. 92；

k_2——多根相导体并联使用的校正系数；

n—每相并联的导体根数；

ρ——20℃时的导体电阻率（$\Omega\cdot mm^2/m$）；

L——电缆长度（m）；

m——材料相同的每相导体总截面积（S_n）与 PE 导体截面积（S_{PE}）之比。

式（16）可变换为

$$L=\frac{(0.8\sim1.0)U_0S}{1.5\rho(1+m)I_k}k_1k_2 \tag{17}$$

这是一个相对简化的公式，0.8~1.0 代表了前端阻抗所占比例。k_2 是双拼或多拼电缆采用的系数，当没有双拼或多拼时，k_2 直接取 1。k_1 是根据低压的电抗占比较小，尤其是小截面可以忽略，近似取值。这个公式的优点是根据截面和长度就可以直接计算故障电流，还可以进行变换，根据故障电流和截面求长度，根据长度和故障电流求截面等。缺点是 0.8~1.0 的取值无法像查表那么精确，电抗也是近似的。

下面举一个实例，还用最常见的 C16 配 2.5 mm^2 的线 50 m，计算其故障电流。

$$I_k=0.8\times220\times2.5/[1.5\times0.0184\times(1+1)\times50]\,A=159\,A\approx16\,A\times10=160\,A$$

C 型微型断路器的瞬动倍数为 5~10，0.8 是按前端干线等阻抗占 20%来考虑的，如果前端可以忽略，那么故障电流大约是 200 A，如果按 0.9，那么故障电流大约是 180 A。如果按最不利的 10 考虑，同时考虑 1.3 的可靠系数，那么故障电流为 16×10×1.3 A=208 A，现在以这个值作为最小故障电流来反推导线长度，也就是根据开关大小和导线截面来确定其长度。

$$L=0.8\times220\times2.5/[1.5\times0.0184\times(1+1)\times208]\,m=38\,m$$

$$L=0.9\times220\times2.5/[1.5\times0.0184\times(1+1)\times208]\,m=43\,m$$

$$L=1.0\times220\times2.5/[1.5\times0.0184\times(1+1)\times208]\,m=48\,m$$

根据计算，最常见的 C16 配 2.5 mm^2 的线在系数取 1.0 的情况下，按灵敏度控制，其长度大约是 48 m。

正常情况下，变压器出口处的电压比标称电压高 5%左右，因此有可能实际系数是大于 1.0 的；前端干线有可能截面较小，距离较长，造成实际系数可能低于 0.8，所以实际中可能存在超出公式给出的 0.8~1.0 这个范围。所以按查阻抗表计算，实际值更加精确严谨，当能确定前端干线截面较大且距离不算太长的时候，才能采用后面这个简化公式。

按查阻抗表严谨计算需要考虑前端干线对整个故障回路阻抗的影响，不过可靠系数 1.3 已经不是准确值，所以追求太精确的计算意义不大。按产品标准 10 倍已经是必须瞬动了，1.3 可靠系数考虑的是接头及开关等有一定阻抗，开关所处的环境温度可能与试验条件不同，实际敷设的导线会比图样中长一些（由于不能拉得很直，存在一个波浪系数，为 2%~5%，一些进出配电箱和用电设备处也往往留有一定余量，方便后期检修，1.3 倍算某种意义上的经验值，并非极端情况下的最不利情况，但能满足常见绝大多数情况）。按标准要求，导线接头电阻不允许超过该截面导体 1 m 长的电阻。每个接线盒，灯头盒预留线长度为 150~300 mm，而末端普通配电中普通插座每个回路允许 10 个，照明回路单光源灯具允许 25 个，每个灯至少有一个灯头盒，接头电阻为 1 m，预留长度一进一出为 300~600 mm，仅这些最不利情况下已相当于(1+0.6)×25 m=40 m，若按 C16 配 2.5 mm^2 的线 50 m，此时仅剩 10 m。这是极端情况计算，所以《建筑电气专业技术措施》中给出末端配电不宜超过 30~50 m。

32. 灵敏度的常见误区有哪些?

经常有人说末端配电超过 50 m 了，怎么办?《建筑电气专业技术措施》中提到末级配电供电半径不宜超过 30~50 m，主要针对的是配电型断路器 C16 配 2.5 mm^2 的线（C20 配 4 mm^2 的线），考虑灵敏度，忽略前端影响下，配电距离大约是 50 m。

如果条件有变化，如 C10 配 2.5 mm^2 的线或 C16 配 4 mm^2 的线，就不必太拘泥于这个距离要求。也就是说，50 m 是某条件下的，不说前提，直接说距离是不合理的。可以这样说，末级配电即使只有 1 m，也可能不满足灵敏度，也可能 100 m 甚至更长也满足灵敏度。这个是需要计算的，不是只看距离。例如，消防控制室或其他弱电机房的电源从变配电室低压柜直接引来，前面干线 10 mm^2 的线已经 200 m 以上，此时机房的配电箱的出线，如果仍然按正常的 C16 配 2.5 mm^2 的线，那么即使只有 1 m 也难满足灵敏度，因为前面 200 m10 mm^2 的线阻抗和 50 m2.5 mm^2 的线阻抗大致相等。又如前端 200 m240 mm^2 的电缆，后面 C16 配 2.5 mm^2 的线按灵敏度大约有 50 m，如果 C1 配 2.5 mm^2 的线，那么从灵敏度角度考虑，供电距离大约可以到 50×16/1 m=800 m，如果 C4 配 2.5 mm^2 的线，那么供电距离为 50×16/4 m=200 m。所以要根据实际条件来计算，不能只记住 50 m 这个数字。

《配四》中有较为直观的表格，见表 39。

表 39 用断路器作间接接触防护时铜芯电缆最大允许长度 （单位：m）

I_{set3}/A														
S /mm^2	S_{PE} /mm^2	200	250	320	400	500	630	800	1000	1250	1600	2000	2500	3150
1.5	1.5	27	20	14										
2.5	2.5	45	36	28	22									
4	4	53	42	33	26	21	17							
6	6	80	64	50	40	32	25	20						

（续）

I_{set3}/A														
S /mm²	S_{PE} /mm²	200	250	320	400	500	630	800	1000	1250	1600	2000	2500	3150
10	10	133	106	83	66	53	42	33	26					
16	16		170	133	106	85	67	53	42	34				
25	16			138	111	88	70	55	44	35	27	22		
35	16				155	124	98	77	62	49	38	31	24	
50	25					177	141	111	88	71	55	44	35	
70	35						197	155	124	99	77	62	49	38
95	50							201	160	130	101	81	64	50
120	70								204	163	127	101	81	64
150	70									204	159	127	102	80
185	95										188	151	120	95

注：1. 电源侧阻抗系数取 0.9；$U_0=220\text{V}$。

2. k_{rel}取 1.2，k_{op}取 1.2。

3. 当采用铝芯电缆时，表中最大允许长度乘以 0.61。

4. 本表所列数据也适用于绝缘线穿管敷设。

如前面说的 C16 开关，5~10 的瞬动倍数，瞬动电流最大是 160 A，当然考虑 1.3 可靠系数则为 208 A。按表 39 来计算，瞬动电流为 200 A 的断路器，2.5 mm² 的线最长为 45 m。注意表 39 下面的注，也就是说，表中数据是在一定条件下的。电源侧阻抗系数 0.9 取值是估算，所得结果也是一定程度上的粗略估算，但对于实际设计来说是非常直观、明确的参考。微型断路器瞬动倍数是一个较大范围，已把制造误差考虑在内。如 C 型 5~10 倍，按 7.5 倍制造，制造误差为 20%，产品实际瞬动范围是 7.5±7.5×20%，即 7.5±1.5，也就是 6~9 倍，所以微型断路器考虑 1.3 倍是出于接头等影响。而塑壳和框架断路器往往用于干线，接头极少，对于固定倍数的瞬动，如 10 倍，此时的 1.3 倍考虑的是制造误差。

33. 当灵敏度校验不满足时一定违反规范吗?

先来看一个小案例：

某夜景照明项目，有一个 3 kW 的水泵，选用 D16 开关，带 RCD，由于设计的时候不知道是否需要 N 线，所以配线是 5×6 mm^2，供电距离为 80 m。按最不利校验，灵敏度有点不足。后来实际中不需要 N 线，直接把之前的 N 线和 PE 线并联到一起，这样等于 PE 线截面积增大了 1 倍，灵敏度有所改善，满足了校验。(这只是纯技术推导，不推荐这么做)

该项目的某照明回路是 C16 配的 4 mm^2 线，带 RCD，供电距离是 200 m。按最不利校验已经不满足灵敏度要求了，由于有 RCD，对地灵敏度大大提高，但 L-N 单相短路是 RCD 保护不到的，且对地故障在短路故障中占比极高，因此在实际中，有时候由于造价或技术水平等原因加 RCD 的回路不再校验灵敏度。如一些大的场馆、交通建筑等项目，干线和末端供电半径都明显大于常规，仅仅因为灵敏度校验，导线截面放大几倍，不尽合理，有时也采用 RCD，严格意义上不满足规范，但种种原因之下，不少项目实际做法存在这种情况。

严谨地说，正常计算的灵敏度都是按金属性短路考虑的，如果是电弧性短路，就很难把握了，电弧处会形成较大电阻，导致故障电流不够大，保护电器很难瞬动，容易出现事故。金属性短路基本可以忽略故障处的阻抗，因此设计合理的话，保护电器会瞬动，能够保护线路。即使是完全满足灵敏度校验，当有电弧性短路时，依然有可能出现问题，所以有时候不会一味强调灵敏度，因为可靠性是无止境的。不过电弧性短路，现在有专门的保护电器来做这种保护。

当普通配电型（C 型）灵敏度校验只差一点，种种原因之下必须采用这种微型断路器但又不想因此而增大导线截面，那么可以采取一定措施，如加一句说明，限定瞬动倍数在 9 以下。正常的 5~10 倍是合格产品，如果限定 9 倍以下，那么选用 5~9 倍的断路器即可。

前面讲了灵敏度的计算和应用。很多同行提到灵敏度，基本会考虑到断路器的瞬动、供电距离等。而且大部分设计人员都习惯用断路器，而忽视熔断器。下面先来看 GB 50054—2011 的相关内容。

1）配电线路的短路保护电器，应在短路电流对导体和连接处产生的热作用和机械作用造成危害之前切断电源。

2）当短路保护电器为断路器时，被保护线路末端的短路电流不应小于断路器瞬时或短延时过电流脱扣器整定电流的 1.3 倍。

仅对断路器要求了瞬动倍数为 1.3，如果不用断路器，用熔断器是否有限制？规范要求了吗？不瞬动会有什么影响？

C16 配 2.5 mm^2 的线，按灵敏度校验，忽略前端阻抗，供电距离最大大约为 50 m。

按常规理论，超过这个距离，不能保证瞬动，可能烧线或影响导线寿命。但是按《配三》中脱扣曲线，瞬动倍数为 5 左右，脱扣时间（当不能瞬动时）是 3~10 s。一般 10 s 并不会烧线，只是有损寿命。也就是说，距离大一些，瞬动倍数增加3~4 也不会有问题。

延伸一下，当导线截面足够大，导线载流量大于断路器瞬动整定时，则不必考虑灵敏度不够带来的烧线问题。当短路电流大于导线载流量时，满足瞬动整定，断路器能够在约定时间内脱扣，不伤害导线；当短路电流小于断路器瞬动整定时，也就小于导线载流量，也不烧线。

再延伸一下，考虑瞬动倍数为 5 左右的脱扣时间（断路器质量合格的话，只要不超过分断能力就不会烧开关），当 C16 配 10 mm^2 的线，按灵敏度校验，忽略前端阻抗，供电距离最大大约为 200 m。一般仅考虑电压降，会远远大于这个距离，为保证灵敏度会加大截面。

《配三》中某微型断路器的脱扣曲线，5~10 瞬动倍数，当故障电流为微型断路器整定电流的 5 倍左右时，若不瞬动，脱扣时间也就是 3~10 s。如图 15 所示。

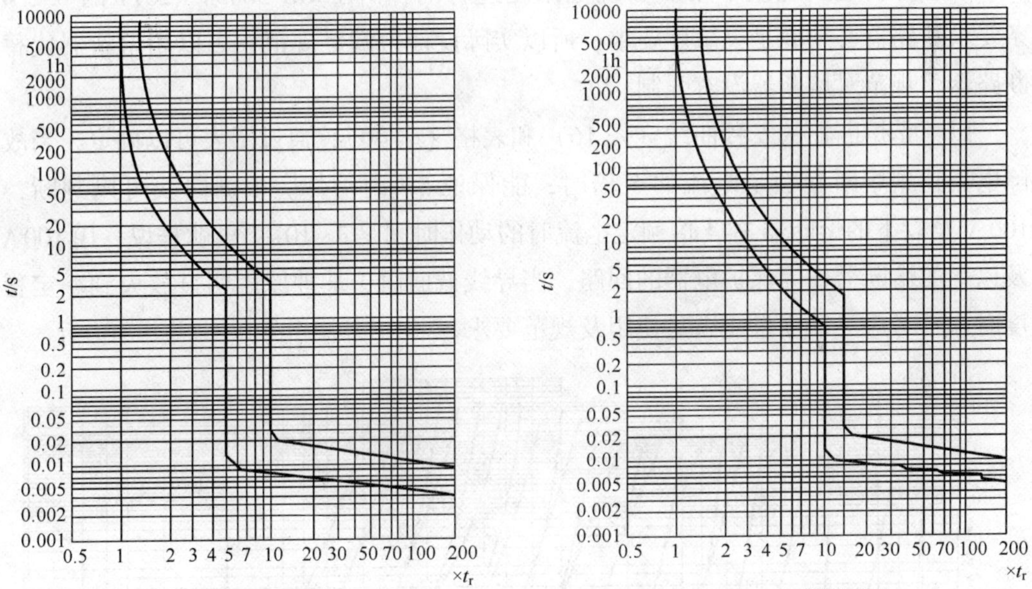

C型脱扣曲线　　D型脱扣曲线

图 15　C65 型断路器时间-电流特性

假设为小区庭院灯供电，距离较长，用 C16 配 10 mm^2 的线，功率为 2 kW，电流为 10 A，单相供电，按正常灵敏度，供电距离大约为 200 m。但是按脱扣曲线，瞬动倍数为 5 左右，也就是故障电流为 80 A 左右的时候，脱扣时间为 10 s 左右，按曲线 10 s 左右已经是最不利了。脱扣时间应为 3~10 s。

假设 10 mm^2 的线载流量为 60 A，当电流为 80 A 时，只是轻微过负荷，10 s 左右就跳闸了，对导线不会造成伤害。电流从额定电流到 10 倍额定电流都不会烧线，短路电流更大，瞬动能保证，也不会烧线。

当某种原因明显放大截面时，可能其正常载流量接近开关的瞬动如 5 倍（按上面曲线瞬动倍数为 4 时脱扣时间为 4 ~ 20 s），通过几个点的抽样计算都没有问题。可以总结一下，当导线截面明显放大 2 ~ 3 级时（考虑距离较远的电压降或桥架多层敷设的降容可能导致导线放大几级），从实际分析，可以不必严格按照灵敏度进行校验。载流量容易满足，一般仅考虑电压降即可。如果距离大约为 200 m，但不考虑灵敏度，仅考虑电压降，经过计算，2.5 mm^2 的线三相，负荷为 2 kW，供电距离为 400 m，电压降大约 5%；10 mm^2 的线三相，负荷为 2 kW，供电距离为 1000 m，电压降大约 3%。仅考虑载流量和电压降，不考虑灵敏度，同样功率和导线的情况下，供电距离大大增加。如 C16 配 10 mm^2 线三相供电，负荷为 2 kW，按灵敏度最大供电距离为 200 m，按电压降 1000 m 才 3%。如果距离不足 500 m，也可以采用 10 mm^2 或 16 mm^2 的线单相供电。

以上分析是从纯技术角度和规范角度进行的，由于 GB 50054—2011 的 6.2.4 条要求断路器必须满足灵敏度要求，所以实际设计为满足规范，可以用熔断器代替断路器，规范对熔断器没有强制。

以下是熔断器的安秒曲线（图 16）和表格（表 40），通过图表可以确定，当故障电流达到熔断器额定电流的 5 倍时，能保证 5 s 内动作。根据曲线可以判断，100 A 及以下的熔断器 3 ~ 4 倍额定电流时的动作时间是 3 ~ 10 s。也就是说，用 100 A 及以下的熔断器作为保护电器的回路，当导线截面由于某种原因明显放大到一定程度时，不考虑灵敏度也能满足使用及规范要求。

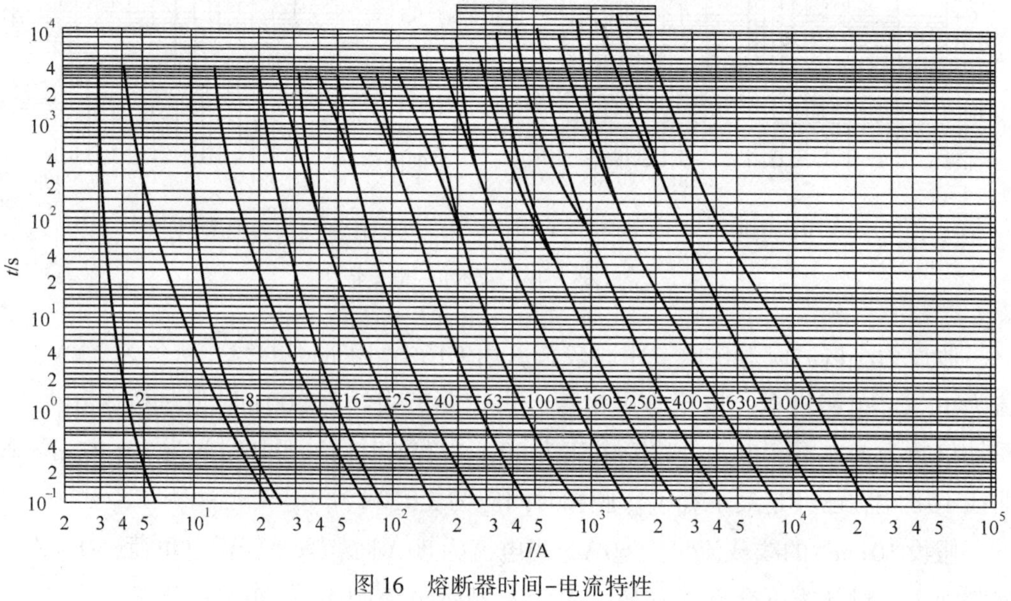

图 16　熔断器时间-电流特性

从图 16 中可以看出，16 A 的熔断器（注意图 16 是对应某种熔断器，不代表所有）额定电流为 25 A 时动作时间大约为 200 s，30 A 时大约为 40 s，40 A 时大约为 4 s，50 A 时大约为 1 s，80 A 时大约为 0.1 s。表 40 中更为直观准确地表达了熔断器的熔断时间和熔断电流。

表 40　额定电流为 2 A、4 A、6 A、10 A、13 A 和 35 A "gG" 熔断体规定弧前时间的门限

I_n/A	$I_{min}(10\,s)$/A	$I_{max}(5\,s)$/A	$I_{min}(0.1\,s)$/A	$I_{max}(0.1\,s)$/A
2	3.7	9.2	6.0	23.0
4	7.8	18.5	14.0	47.0
6	11.0	28.0	26.0	72.0
10	22.0	46.5	58.0	111.0
13	26.0	59.8	75.4	144.3
35	89.0	175.0	255.0	445.0

从 GB 50054—2011 的 6.3.3 条［即前述式（1）和式（2）］来看，I_2 可以取 1.45 倍导体允许持续载流量。而断路器的 1.3 倍过负荷约定时间一般是 1 h 或 2 h（以 $I_n = 63$ A 为分界点）。也就是说，导线（截面大，时间常数就大，同等条件下过负荷时间就可以长一些）可以承受 1.45 倍过负荷大约 1 h 或 2 h。对于 C16 配 10 mm^2 甚至 16 mm^2 或 25 mm^2 的线来说，末端短路电流如 100~200 A，对于开关来说接近或达到瞬动，但对于导线来说，这个短路电流只是接近载流量，相当于过负荷，所以也可以用过负荷保护来分析。不过无论是过负荷还是短路，其实都是一条脱扣曲线，可以对照查阅。

另外需要注意按 GB 50054—2011 的 5.2.9 条中切断故障时间的规定，第一款要求不宜大于 5 s。"不宜" 也就是说有商量的余地，当能满足安全要求时，可以适当突破。即使不突破 5 s，某些类型的熔断器的曲线也非常有利于灵敏度的校验。

固定式电气设备发生接地故障时，人体触及它时通常易于摆脱，并综合考虑其他因素，如避免发生线路绝缘烧损、电气火灾、线路在接地故障时的热承受能力、躲开电动机起动电流的影响和保护电器在小故障电流下的动作灵敏度以及线路的合理截面等，IEC 标准将所有接地系统切断固定式电气设备和配电干线的允许最长时间规定为 5 s。

供电给手持式和移动式电气设备的末端配电线路，其情况则不同。手持式和移动式电气设备因经常挪动，较易发生接地故障。当发生接地故障时，人的手掌肌肉对电流的反应是不由意志地紧握不放，不能摆脱带故障电压的设备而使人体持续承受接触电压。为此，依据 IEC 标准的相应规定，做了切断供给手持式电气设备和移动式电气设备的末端线路或插座回路的时间规定。

34. 灵敏度有没有简便算法？

前面讲了灵敏度的计算，无论是直接查灵敏度表格还是计算回路阻抗都需要借助工具书的资料。即使是按《配四》的近似公式，也需要较为复杂的计算，令很多初学者望而却步，即使学会了，也比较烦琐。

这里介绍一种非常简便通用的灵敏度计算算法，利用导线电阻与截面成反比且电抗占比比较小的基本原理，得出导线阻抗与截面近似成反比。前面计算了 C16 配 2.5 mm^2 的线忽略前端阻抗，按灵敏度校验供电距离大约是 50 m，记住并充分利用这个结果。由于低压尤其小截面导线可以忽略电抗，可以按导线截面成比例缩放开关、导线截面和长度的关系，预分支电缆也可以采用这个办法。

由 C16 配 2.5 mm^2 的线 50 m 按比例折算推出：

B16 配 2.5 mm^2 的线 100 m，C16 配 2.5 mm^2 的线 50 m，D16 配 2.5 mm^2 的线 25 m。

B16 配 10 mm^2 的线 400 m，C16 配 10 mm^2 的线 200 m，D16 配 10 mm^2 的线 100 m。

C1 配 2.5 mm^2 的线 800 m，C2 配 2.5 mm^2 的线 400 m，C4 配 2.5 mm^2 的线 200 m。

B 型微型断路器瞬动倍数为 3~5，C 型瞬动倍数为 5~10，D 型瞬动倍数为 10~20，计算灵敏度的时候都按最大倍数考虑。塑壳有电动机型的为 12~14 倍，普通的可以按 10 倍，额定电流较大的有的倍数小一些。

如断路器 160 A，瞬动倍数为 10，电缆 4×150 mm^2，按灵敏度考虑，供电距离有多远？以 C16（灵敏度校验按 10 倍瞬动考虑）配 2.5 mm^2 的线为基准，开关电流变为 160 A（灵敏度校验按 10 倍瞬动考虑），配 25 mm^2 的线，这样灵敏度校验，供电距离不变；此处导线截面积是 60 倍（150/2.5 = 60），那么供电距离大约是 50 m 的 6 倍，也就是 300 m。注意如果是 3+2 或 4+1 电缆，由于 PE 大约是相线一半，因此 L-PE 故障回路阻抗大约变为原来的 1.5 倍，故障电流大约变为原来的 70%，供电距离大约按前面算法乘以 70%（之前是大约 300 m，取 70%大约就是 200 m）。

如前端 10 mm^2 的线 160 m（再之前的线路阻抗忽略），后面 C16 配 2.5 mm^2 的线就不是 50 m 了，前面 10 mm^2 的线的阻抗可以近似折合为 2.5 mm^2 的线 40 m，这样后面 C16 配 2.5 mm^2 的线就只能是 10 m，如果距离大于 10 m，就要断路器改小或线截面改大才能满足灵敏度要求。如果前面 10 mm^2 的线超过 200 m，那么就会出现后面 C16 配 2.5 mm^2 的线即使就 1 m 也不满足灵敏度的情况。

从灵敏度角度考虑供电半径，可以说，1000 m 不一定不满足，1 m 也不一定满足，都需要按实际情况来计算。

上述简便算法满足常规工程设计精度要求，若需精确计算则按前面的 31 问中所述求解，若有大量回路需校验灵敏度，也可根据公式做成表格。

35. RCD 的参数如何确定?

剩余电流动作保护电器简称剩余电流保护器（RCD），其功能是检测供电回路的剩余电流，将其与基准值相比较，当剩余电流超过该基准值时分断被保护电路。

根据接线不同，RCD 可分为 1PN、2P、2PN、3P、3PN 和 4P。

RCD 原理是把 PE 线以外的几个正常工作有电流的几根线一起穿过零序互感器的线圈，通过检测其矢量和来起到保护作用。PE 线和 PEN 线不穿过零序互感器的线圈，其他线都穿过。

为保证选择性，电源侧的 RCD 的最小不动作时间应大于负荷侧 RCD 的总动作时间；电源侧的 RCD 的额定剩余电流应至少为负荷侧 RCD 的 3 倍。表 41、表 42 是 GB/T 13955—2005 对分断时间的要求。

表 41　二级保护的最大分断时间

二级保护	一级保护	末级保护
最大分离时间/s	0.3	≤0.1

注：延时型剩余电流保护装置的延时时间级差为 0.2 s。

表 42　三级保护的最大分断时间

三级保护	一级保护	中级保护	末级保护
最大分断时间/s	0.5	0.3	≤0.1

延时型剩余电流保护装置只适用于间接接触保护，$I_{\Delta n}>0.03$ A。

延时型剩余电流保护装置延时时间的优选值为 0.2 s、0.4 s、0.8 s、1 s、1.5 s、2 s。

注意 RCD 仅能提高对地故障灵敏度，同时需注意慎用，提高灵敏度的同时容易破坏选择性，尤其在首端使用且动作于跳闸时，后面开关必须都带 RCD，否则无法满足选择性。当 RCD 动作于跳闸时，规范要求切断所有带电导体，是为了彻底切除故障，如果不切断 N 线，当 N 线故障时，会导致即使负荷侧跳闸上级仍然跳闸。

某实际案例，配电箱总开关为 4P 带 RCD，分开关均为 3P（N 未切断），当某出线回路故障时，总开关跳闸，把几个出线开关都拉闸之后，总开关仍然无法合闸。因为故障恰恰是 N 线接地。

RCD 的额定值应大于正常泄漏电流的 2 倍，以防止误动作。表 43、表 44 是《工业与民用配电设计手册》中给出的常用电器和电缆的泄漏电流参考值。

表 43　常用电器的泄漏电流参考值

设备名称	泄漏电流/mA
计算机	1~2
打印机	0.5~1
小型移动式电器	0.5~0.75
电传复印机	0.5~1
复印机	0.5~1.5
滤波器	1
荧光灯安装在金属构件上	0.1
荧光灯安装在非金属构件上	0.02

注：计算不同电器总泄漏电流需按 0.7/0.8 的因数修正。

表 44　220/380 V 单相及三相线路穿管敷设电线泄漏电流参考值　（单位：mA/km）

绝缘材质	导线截面积/mm²												
	4	6	10	16	25	35	50	70	95	120	150	185	240
聚氯乙烯	52	52	56	62	70	70	79	89	99	109	112	116	127
橡胶	27	32	39	40	45	49	49	55	55	60	60	60	61
聚乙烯	17	20	25	26	29	33	33	33	33	38	38	38	39

电动机的泄漏电流参考值见表 45。

表 45　电动机的泄漏电流参考值

电动机额定功率/kW	1.5	2.2	5.5	7.5	11	15	18.5	22	30	37	45	55	75
正常运行的泄漏电流/mA	0.15	0.18	0.29	0.38	0.50	0.57	0.65	0.72	0.87	1.00	1.09	1.22	1.48

这些泄漏电流制约了保护电器带 RCD 的供电距离和供电范围。

如 5 台计算机泄漏电流就是 5~10 mA，加上线路比较容易达到 15 mA，末端常用 30 mA 的 RCD。所以规范要求给计算机供电的插座回路不宜超过 5 个（组），这里组的意思是一个计算机用的多个插座为一组，超过 5 台计算机可能正常泄漏电流较大，导致 RCD 误动作，不过这只是一个统计数据，不代表一个回路带 6 台计算机肯定误动作。

如室外夜景照明采用带 30 mA RCD 的断路器做保护电器，由于供电距离较远，考虑电压降和灵敏度，适当放大截面都可以满足。但正常泄漏电流需要注意，如按灵敏度 C16 配 $2.5\,mm^2$ 的线 50 m，供电距离到 200 m 时，截面积需要放大到 $10\,mm^2$，此时泄漏电流按聚氯乙烯电缆则为 11 mA，再加灯的泄漏电流，已经接近 15 mA，不能再增加距离了；如果是 300 m 供电距离，线路泄漏电流则超过 15 mA，这是不允许的。

另外，需要注意泄漏电流无法精确计算，三相的还需要考虑矢量和。

36. 零序保护适用于哪里？

零序保护和 RCD 原理类似，零序保护是检测三根相线电流的矢量和。RCD 大大提高了对地故障的灵敏度，但过于灵敏带来新的问题，如线路泄漏电流较大造成误动作、选择性困难等。零序保护整定值最大可以和长延时相等（一般为 20%~100% I_n），以保证可靠性，避免误动作。

零序电流保护整定值必须大于正常运行时最大三相不平衡电流、谐波电流、正常泄漏电流之和，同时保证发生接地故障时必须动作。因此，有两个条件需要满足：考虑制造误差和计算误差等，为保证可靠性，一般按零序电流保护的动作电流整定值不小于总的正常运行时零序电流的 2 倍，同时发生接地故障时检测的零序电流大于或等于零序电流保护的动作电流整定值的 1.3 倍。

零序保护适用于 TN-C、TN-C-S、TN-S 系统，正常泄漏电流较小，但三相不平衡电流和谐波电流有时较大，此种情况下不适合采用零序保护。同时注意零序保护无法提高相间短路灵敏度，提高灵敏度的同时还容易破坏选择性，尤其在首端使用更需要注意，另外最大三相不平衡电流有时难确定，谐波电流更难确定，因此零序保护在低压配电中需注意慎用。

37. 热稳定如何校验？

热稳定校验是短路电流对导体的热作用的计算，理论上任何一点都需要考虑，对于同一条线路，始端短路电流最大，一般按始端校验，如果始端满足，那么整条线路都满足。

热稳定需要按最大短路电流考虑，计算最大短路电流需要考虑以下五个问题：

1）最大短路电流的电压系数，按可能的最大值。不能简单地按标称电压，变压器附近往往比标称电压高 5%，甚至更多。

2）选择电网结构，考虑电厂与馈电网络可能的最大馈入。

3）用等值阻抗等值外部网络时，应使用最小值。

4）计及电动机的影响。

5）线路电阻采用 20℃时的数值。

按上述条件计算可能的最大短路电流来校验热稳定，若满足，就能保证发生短路时线路能够被保护。

关于热稳定的相关内容，GB 50054—2011 的正文及条文说明如下：

1）配电线路的短路保护电器，应在短路电流对导体和连接处产生的热作用和机械作用造成危害之前切断电源。

2）绝缘导体的热稳定，应按其截面积校验，且应符合下列规定：

① 当短路持续时间小于或等于 5 s 时，绝缘导体的截面积应符合式（18）的要求，其相导体的系数可按表 46 的规定确定。

② 短路持续时间小于 0.1 s 时，校验绝缘导体截面积应计入短路电流非周期分量的影响；大于 5 s 时，校验绝缘导体截面积应计入散热的影响。

$$S \geqslant (I/k)\sqrt{t} \tag{18}$$

式中 S——保护导体的截面积（mm^2）；

I——通过保护电器的预期故障电流或短路电流［交流方均根值（A）］；

t——保护电器自动切断电流的动作时间（s）；

k——系数，按规范中式（A.0.1）计算或按表 A.0.2～表 A.0.6 确定。

相导体的初始、最终温度和系数，其值应按表 46 的规定确定。

表 46　相导体的初始、最终温度和系数

导 体 绝 缘		温度/℃		相导体的系数		
		初始温度	最终温度	铜	铝	钢
聚氯乙烯		70	160（140）	115（103）	76（68）	115
交联聚乙烯和乙丙橡胶		90	250	143	94	—
工作温度 60℃的橡胶		60	200	141	93	—
矿物质	聚氯乙烯护套	70	160	115	—	—
	裸护套	105	250	135	—	—

注：括号内数值适用于截面积大于 300 mm^2 的聚氯乙烯绝缘导体。

裸导体温度不损伤相邻材料时的初始、最终温度和系数，其值应按表 47 的规定确定。

表 47　裸导体温度不损伤相邻材料时的初始、最终温度和系数

导体所在的环境	温度/℃				导体材料的系数		
	初始温度	最终温度			铜	铝	钢
		铜	铝	钢			
可见的和狭窄的区域内	30	500	300	500	228	125	82
正常环境	30	200	200	200	159	105	58
有火灾危险	30	150	150	150	138	91	50

《工业与民用配电设计手册》中的公式及 k 值如下：

在回路任一点短路引起的电流，使导体达到允许极限温度之前应分断电路。

1）对于持续时间不超过 5 s 的短路，由已知的短路电流使导体从正常运行时的最高允许温度上升到极限温度的时间 t 可近似地用下式计算：

$$t=\left(\frac{kS}{I}\right)^2 \tag{19}$$

式中　t——持续时间（s）；

S——导体截面积（mm^2）；

I——预期短路电流交流方均根值（r. m. s）（A）；

k——计算系数，取决于导体材料的电阻率、温度系数和热容量以及短路时初始和最终温度，见表 48。

注：当短路持续时间大于 5 s 时，部分热量将散到空气中，校验时应计及散热

的影响。根据规定，短路保护动作时间不应大于5 s。

表48　导体的k值

特性/状况		导体绝缘的类型							
		PVC 热塑型塑料		PVC 热塑型塑料 90℃		EPR/XLPE 热固型	橡胶 85℃ 热固型	矿物质	
								PVC 护套	无护套
导体截面积/mm^2		≤300	>300	≤300	>300	—	—	—	—
初始温度/℃		70		90		90	60	70	105
最终温度/℃		160	140	160	140	250	200	160	250
导体材料	铜	115	103	100	86	143	141	115	135~115①
	铝	76	68	66	57	94	93	—	—
	铜导体的锡焊接头	115	—	—	—	—	—	—	—

① 此值用于易被触摸的裸电缆。

注：PVC—聚氯乙烯；EPR—乙丙橡胶；XLPE—交联聚乙烯。

例如，C16配2.5 mm^2的线50 m和10 mm^2的线200 m，末端短路电流大约相同。但是，按式（19），导体截面大了4倍，温升时间其变化量的二次方，即16倍，2.5 mm^2的线如果温升时间是3 s，那么，10 mm^2就是48 s，从这个角度，对于短路对导线的伤害，大截面耐受时间更久，也就是达到允许极限温升需要更多的时间。同时超过5 s会有明显的散热，此处不考虑散热，尚且需要48 s，如果考虑散热计算较为复杂，定量分析较难，但通过定性分析可知温升时间肯定会明显大于这个时间。

按式（19）计算2.5 mm^2的线在200A短路电流时达到允许极限温升的时间（k值取较为不利的100，同时方便计算）：

$$t=(100\times2.5/200)^2\ \mathrm{s}=1.5625\ \mathrm{s}$$

$$t=(100\times2.5/100)^2\ \mathrm{s}=6.25\ \mathrm{s}\text{(当短路电流为 100 A 时,时间变为 6.25 s)}$$

短路电流分别为200 A和100 A，导线截面为10 mm^2，温升时间分别是25 s和100 s。注意这个时间明显大于5 s时已经不是准确值了，实际值会明显大于这个值。其实100 A的短路电流对于正常载流量是70 A（假设直埋情况下载流量是70 A）的10 mm^2的线来说，某种意义上其实只是相当于过负载，所以实际允许时间会明显大。按GB 50054—2011的6.3.3条规定，实际电流不超过1.45倍额定电流在约定时间内（I_n=63 A以下是1 h）是允许的。也就是说，70×1.45 A=101.5 A（计算的最大允许电流）>100 A（短路电流），这种情况下，1 h都没有问题，满足规范，不会对导线造成伤害。

GB 50054—2011 的 6.3.3 条规定：过负荷保护电器的动作特性，应符合式（1）和式（2）的要求。

某低压配电回路最大短路电流为 50 kA，保护开关瞬动关闭，短延时设定时间为 0.4 s，k 取 100，为满足热稳定，导体最小截面为多少？

$S \geqslant (I/k)\sqrt{t} = (50\times1000\times\sqrt{0.4})/100\,\mathrm{mm}^2 = 316\,\mathrm{mm}^2$，最小需要选择 $400\,\mathrm{mm}^2$ 截面的电缆。

某低压配电回路最大短路电流为 20 kA，保护开关瞬动关闭，短延时设定时间为 0.4 s，k 取 100，为满足热稳定，导体最小截面为多少？

$S \geqslant (I/k)\sqrt{t} = (50\times1000\times\sqrt{0.4})/100\,\mathrm{mm}^2 = 126\,\mathrm{mm}^2$，最小需要选择 $150\,\mathrm{mm}^2$ 截面的电缆。

这个计算公式本身不难，困难在于确定短路电流。这个计算与前面的选择性种类对照来看，选择性分为电流选择性、时间选择性、能量选择性和 ZSI 等。时间选择性的弊端就是逐级加大延时时间。根据低压常见的 3~4 级配电及保护，从末端到变配电室的低压柜馈线开关，基本短延时至少到 0.4 s，较大变压器的低压柜处短路电流往往较大，能到 20~50 kA 甚至更大。当变压器为 2000~2500 kV · A 级别时，低压柜馈线处短路电流可能达到 40~50 kA 甚至更大。此时根据热稳定校验截面积会很大，馈线截面积最小为 $240\,\mathrm{mm}^2$ 甚至更大，显然不合理。这是时间选择性的弊端。

对于持续时间大于或等于 0.1 s 的短路按规范来校验热稳定。对于持续时间小于 0.1 s 的短路按式（19）计算。

2）对于持续时间小于 0.1 s 的短路，应计入短路电流非周期分量对热作用的影响，以保证保护电器在分断短路电流前，导体能承受包括非周期分量在内的短路电流的热作用。这种情况应按下式校验：

$$k^2S^2 \geqslant I^2t \tag{20}$$

式中　k——计算系数；

S——导体截面积（mm^2）；

I^2t——保护电器允许通过的能量值，由产品标准或制造厂提供。

例 3： 某交联聚乙烯电缆用在预期短路电流 25 kA 处，断路器瞬动最大分断时间为 0.04 s，产品 I^2t 为 2000000 $\mathrm{A}^2\cdot\mathrm{s}$（当短路电流为 25 kA 时的允许通过容量），为满足热稳定校验要求，此电缆最小截面为多少？

（A）10　（B）16　（C）25　（D）35

答案：A

解析：依据式（20）

$$K^2S^2 \geqslant I^2t$$

$$S \geqslant \sqrt{I^2t/K^2} = \sqrt{(2000000/143^2)}\ \text{mm}^2 = 9.89\,\text{mm}^2$$

知识点解析：此题为热稳定校验的基本应用，一般低压热稳定校验主要是在较大变压器附近，如低压柜馈线、站用电配线、低压柜最小出线问题的计算。注意短路持续时间小于 0.1 s 的短路，I^2t 为一个整体，是由产品标准或制造厂提供的。如误用 $S \geqslant (I/k)\sqrt{t}$ 计算，会得出 $S \geqslant (25\times1000/143)\sqrt{0.04}\,\text{mm}^2 = 34\,\text{mm}^2$，将会选择 $35\,\text{mm}^2$，远大于 $10\,\text{mm}^2$。根据不同短路电流，实际短路时间未到 0.04 s，短路电流也可能未到最大的预期短路电流 25 kA，断路器已经分断，因此需要按式（20）计算。

规范是按最不利情况考虑的，实际中低压热稳定要不要考虑短路点的选取？高压热稳定是按中间接头还是末端，也就是考虑故障概率，同时也是考虑首端短路电流极大。要按首端考虑代价极大，且首端故障概率极小，无论如何做，安全也无法100%保证，考虑安全可靠也是要有限度，需要结合经济合理，所以，高压热稳定校验按最不利的始端考虑可能也并不合理。但低压按最不利校验，结果并不会特别大，能够较为容易地满足。

当短路电流确定后，与开关允通还有较大关系，与开关品牌也有较大关系，存在较多不确定因素，最后实际设计还是偏于保守，这可能还要归于经验值。但弄懂之后，有利于变通，提高设计质量。

瞬动到底是看尖峰还是热效应？为什么瞬动看 I^2t（I^2t 代表了能量，是一个短暂的过程。脱扣是需要一定能量的，不仅仅是峰值达到或超过瞬动值。）？为什么不是尖峰？据某厂家技术资料，实际瞬动是按尖峰，但产品又换算为有效值了。

所以 GB 50055—2011 中，瞬动说的有效值，实际是尖峰转换过来的。同样的开关应用在交流和直流系统，瞬动倍数也不同。因为峰值和有效值有$\sqrt{2}$的关系，所以应用在直流“显得”瞬动倍数更大，需要注意。如交流中 10 倍瞬动倍数，应用在直流中大约是 14 倍。

如 GB 50055—2011 的 2.3.5 条第三款中提到有效值，原文如下：

当交流电动机正常运行、正常起动或自起动时，短路保护器件不应误动作。短路保护器件的选择应符合下列规定：

1）正确选用保护电器的使用类别。

2）熔断体的额定电流应大于电动机的额定电流，且其安秒特性曲线计及偏差后应略高于电动机起动电流-时间特性曲线。当电动机频繁起动和制动时，熔断体的额定电流应加大 1 级或 2 级。

3）瞬动过电流脱扣器或过电流继电器瞬动元件的整定电流应取电动机起动电流周期分量最大有效值的 2~2.5 倍。

4）当采用短延时过电流脱扣器作保护时，短延时脱扣器整定电流宜躲过起动电流周期分量最大有效值，延时不宜小于 0.1s。

38. 热稳定常见误区有哪些？

短路电流难确定，需要考虑高压侧影响、直流分量、电动机类负荷的反馈、电容类负荷的放电、近端、远端、对称、不对称等多种因素，可以说精确计算是不可能的，有时候一味按最不利也是无止境的，一般是结合实际运行经验，按某种约定和概率来确定某种规则，规范和手册也是体现的这种理念。

注意裸导体也需要考虑热稳定，虽然没有绝缘层，但温度达到一定值（250~300℃）时能够影响强度，同时对周边设备可能存在影响。

断路器瞬动的允通，需要注意。断路器不同壳体、不同预期短路电流、不同分断能力条件下 I^2t 不同，一般开关小的 I^2t 也小，这样计算导体热稳定时，导体最小截面可以小一些。某种意义上类似断路器的过负荷保护，开关小，导线就可以小一些。

某产品的限流曲线和允通曲线如图 17 所示。

同时 GB/T 16895.5—2012 提到截面较小导线的 k 值不够准确，尤其是 $10\,mm^2$ 以下的小截面导线的 k 值正在考虑中，也就是说 $10\,mm^2$ 以下的线的热稳定难以计算，因为 k 值无法确定。

以 CM3-100L M H 允通来说，当预期短路电流为 100kA 时，被限制的能量大约是 $1000000\,A^2\cdot s$，根据公式 $K^2S^2\geqslant I^2t$ 计算

$$S\geqslant\sqrt{(1000000/115^2)}\ mm^2=8.7\,mm^2,\text{最小选择 }10\,mm^2$$

以 CM3-630 允通来说，当预期短路电流为 100kA 时，被限制的能量大约是 $16000000\,A^2\cdot s$，根据公式 $K^2S^2\geqslant I^2t$ 计算

$$S\geqslant\sqrt{(16000000/115^2)}\ mm^2=34.8\,mm^2,\text{最小选择 }35\,mm^2$$

根据上述条件下的计算，当预期短路电流为 100kA 时选择 $10\,mm^2$ 的线已经满足了热稳定校验。注意这是某品牌壳架 100 的某型号的计算，如果壳架大到 CM3-630，就需要导线截面更大，最小为 $35\,mm^2$。正常情况下，100 壳架，出线截面不能小于 $10\,mm^2$，630 壳架出线一般不会出现小于 $35\,mm^2$ 截面的情况。所以断路器瞬动的热稳定校验，只需要校验较小截面，当设计合理时，统一采用最小截面 $10\,mm^2$，将省去很多热稳定校验（变配电室低压柜处短路电流往往较大，因此不少设计院直接规定低压柜不允许用微型断路器，截面最小为 $10\,mm^2$。这种经验值省去很多计算的麻烦），规避了微型断路器分断能力小，小载面导体热稳定问题。

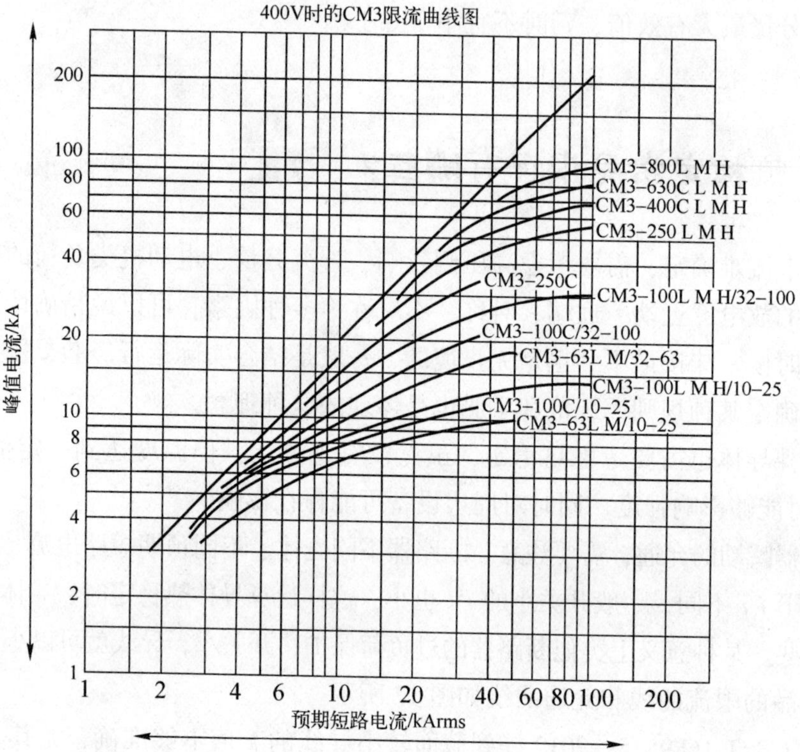

a)

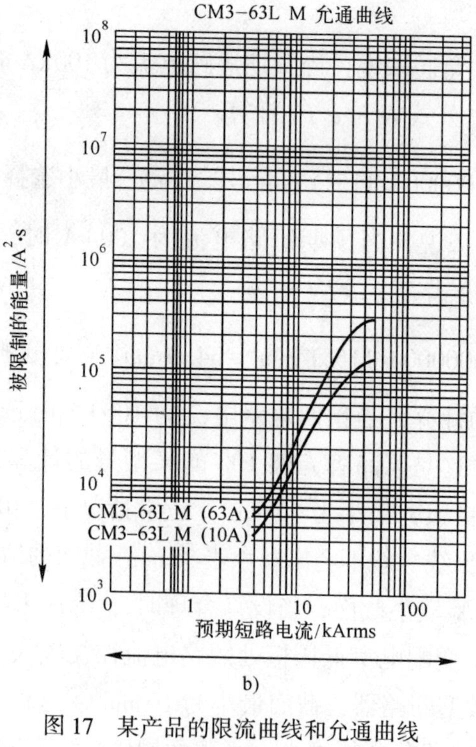

b)

图 17　某产品的限流曲线和允通曲线

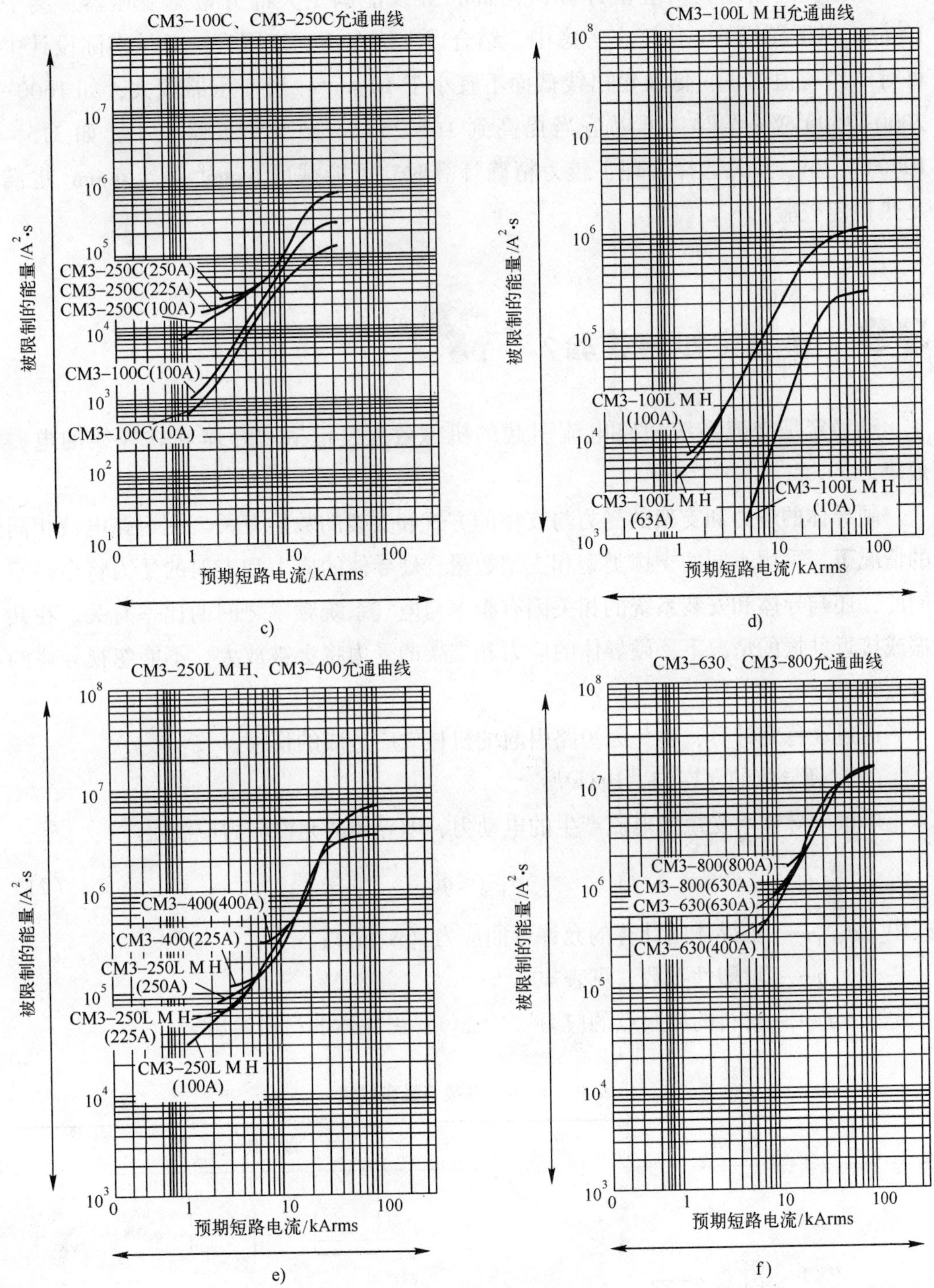

图 17　某产品的限流曲线和允通曲线（续）

根据允通曲线查对应值计算，10 mm² 导线能满足大部分常见变压器，鉴于 10 mm² 以下导线的 k 值正在考虑中，结合以上诸多不确定因素，总结实际设计中可行的经验值如下：低压柜出线截面不宜小于 10 mm²，当变压器较大，如 1600-2000-2500 kV · A 时，可以适当提高到 16 ~ 25 mm²。当变压器较小，如 315 ~ 1000 kV · A，开关选择合理，较为精确计算时，可能截面 6 mm² 甚至 4 mm² 也满足热稳定校验。

39. 动稳定如何校验？

动稳定是交流系统短路电流引起的机械效应，包括硬导体和软导线的电磁效应。

硬导体的应力和支架的受力与支撑的方式和支架的数量有关。在短路电流相同的情况下，采用不同的支撑类型和支架数量，硬导体的应力和支架的受力将会是不同的，还与导体和安装系统的相关固有频率与电气系统频率之间的比率有关。在共振或接近共振的情况下，硬导体的应力和支架的受力将会被放大，不能忽视导体的自然频率。

通过动稳定计算，避免因短路引起的机械效应造成的伤害。

（1）硬导体的允许应力计算

单根硬导体承受短路电流产生的电动力，硬导体的允许应力应满足

$$\sigma_{m,d} \leqslant q f_y \tag{21}$$

式中 $\sigma_{m,d}$——主导体间计算的允许弯曲应力（N/m²）；

q——可塑性系数，见表 49；

f_y——材料的屈服点的应力（N/m²）；由导体的材料给出。

表 49 可塑性系数 q 最高取值

横截面	横截面
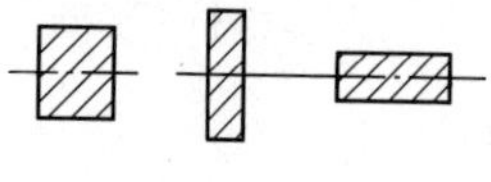 q=1.5	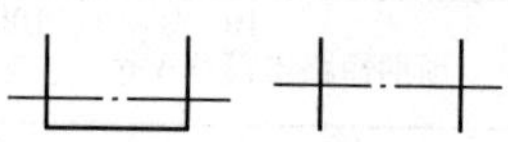 q=1.83
	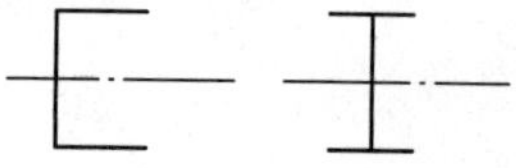 q=1.19

（续）

横 截 面	横 截 面
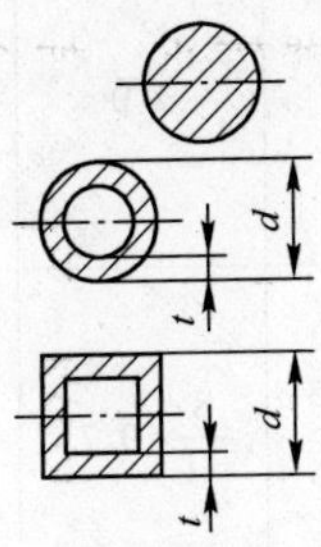 $q=1.7$ $q=1.7\ \frac{1-(1-2t/d)^3}{1-(1-2t/d)^4}$ $q=1.5\ \frac{1-(1-2t/d)^3}{1-(1-2t/d)^4}$	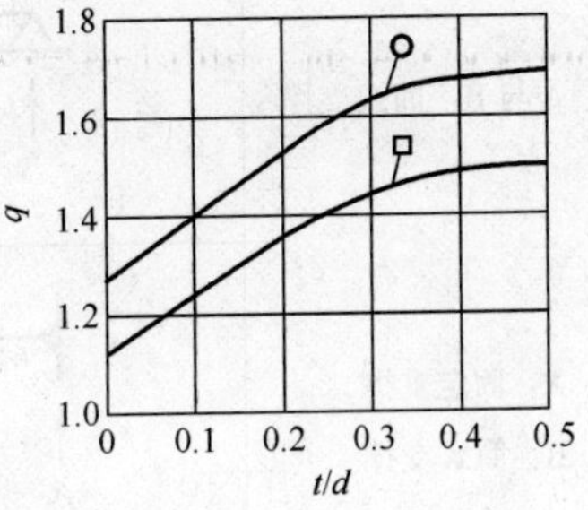

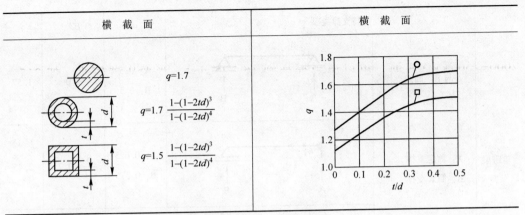

注：q 对点线的弯曲轴是有效的，作用力垂直于它。

若材料的屈服点的应力为 F，q 取 1.5，那么主导体间计算的允许弯曲应力最大为 1.5F，然后与短路电流的电磁效应的机械力对比。

（2）硬导体自然频率的计算

单根导体的固有自然频率 f_{cm} 为

$$f_{cm}=\frac{\gamma}{l^2}\sqrt{\frac{EJ_m}{m'_m}} \tag{22}$$

式中 f_{cm}——导体的固有自然频率（Hz）；

γ——估算相关自然频率的系数，见表 50；

E——杨氏模量，由导体材料确定（N/m^2）；

J_m——导体面积的二次矩（m^4）；

m'_m——单位长度导体的质量（kg/m）；

l——主导体支架的中心线距离（m）。

例如：自然频率系数按三跨或多跨取 3.56，$l=1$ m，$E=7\times10^{10}$ N/m^2，单位长度导体质量取 1.62 kg/m，$J=0.5\times10^{-8}$ m^4。

根据式（22）计算，单根导体的自然频率为

$$f_{cm}=3.56/1.0^2\times\sqrt{(7\times10^{10}\times0.5\times10^{-8})/1.62}\ \text{Hz}=52\ \text{Hz}$$

（3）电磁力的计算

根据《配四》的式（5.5-1）、式（5.5-2）、式（5.5-56）[式（5.5-56）由前面公式推导而来，把真空磁导率代入，短路电流的单位变化也代入，最后作用力的单位仍然是 N]。

表 50　母线不同支撑配置的系数 α、β、γ

梁与支撑类型			α	β[①]	γ
单跨梁	A 与 B：简式支撑	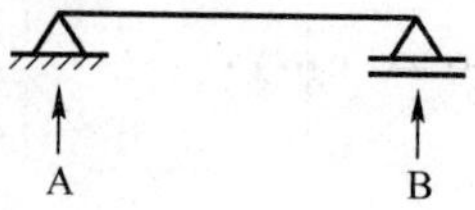	A：0.5 B：0.5	1.0	1.57
单跨梁	A：固定支撑 B：简式支撑	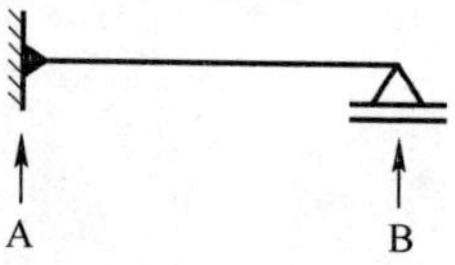	A：0.625 B：0.375	$\frac{8}{11}=0.73$	2.45
单跨梁	A 与 B：固定支撑	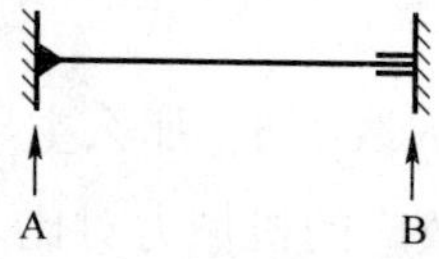	A：0.5 B：0.5	$\frac{8}{16}=0.5$	3.56
带等距离简式支撑的连续梁	双跨	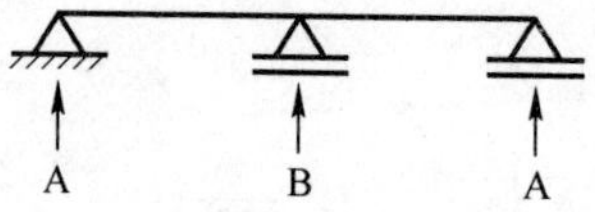	A：0.375 B：1.25	$\frac{8}{11}=0.73$	2.45
带等距离简式支撑的连续梁	三跨或多跨	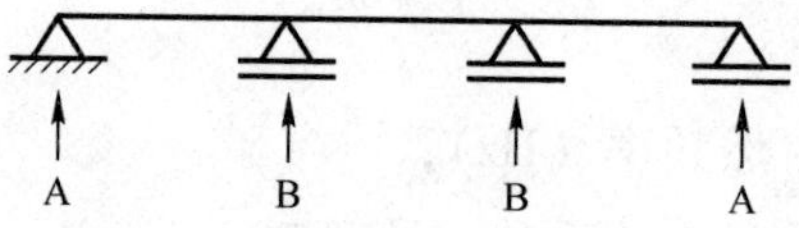	A：0.4 B：1.1	$\frac{8}{11}=0.73$	3.56

① 包括塑性效应。

1）两根平行导体间的力为

$$F=\frac{\mu_0 i_1 i_2 l}{2\pi a} \tag{23}$$

式中　F——短路时作用在两根平行导体的力（N）；

μ_0——真空磁导率，$\mu_0=4\pi\times10^{-7}$ H/m；

i_1、i_2——导体中电流（A）；

l——支柱间的中心线距离（m）；

a——两平行导体间的中心线距离（m）。

2）在同一平面内以中心线距离相等布置的硬导体，三相短路时作用在中间主导体最大受力，该最大的力为

$$F_{m3}=\frac{\sqrt{3}\mu_0 i_p^2 l}{4\pi a_m} \tag{24}$$

式中　F_{m3}——三相短路时作用在主导体的力（N）；

μ_0——真空磁导率，$\mu_0=4\pi\times10^{-7}$ H/m；

i_p——三相短路时的短路电流峰值（A）；

l——支柱间的中心线距离（m）；

a_m——相邻主导体间的有效距离（m）。

3）硬导体在两相短路时主导体的力为

$$F_{m2}=\frac{\mu_0 i_{p2}^2 l}{2\pi a_m} \tag{25}$$

式中　F_{m2}——两相短路时作用在主导体的力（N）；

μ_0——真空磁导率，$\mu_0=4\pi\times10^{-7}$ H/m；

i_{p2}——两相短路时的短路电流峰值（A）；

l——支柱间的中心线距离（m）；

a_m——相邻主导体间的有效距离（m）。

4）当三相短路电流通过在同一平面的三相导体时，中间相所处情况最严重，其最大作用力 F_{k3} 为

$$F_{k3}=0.173K_x i_p^2\frac{l}{D} \tag{26}$$

式中　F_{k3}——三相短路时中间相导体的最大作用力（N）；

K_x——矩形截面导体的形状系数（见图 18）；

i_p——三相短路冲击电流（三相短路峰值电流）（kA）；

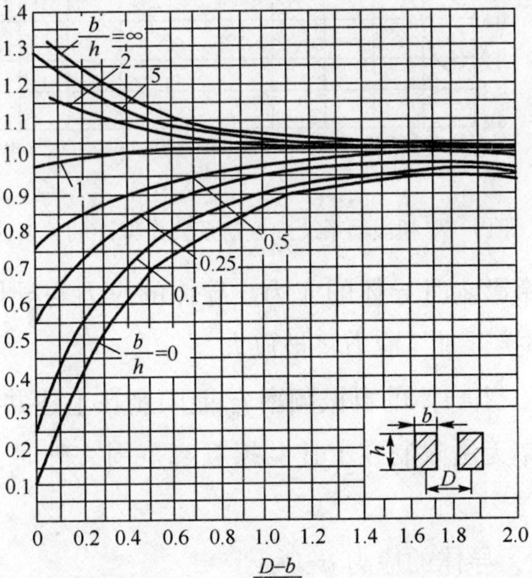

图 18　形状系数 K_x 与 b/h 的关系曲线

l——平行导体长度（m）；

D——导体中心距离（m）。

设三相短路电流峰值为100 kA，$l=0.5$ m，相邻主导体间的有效距离为0.25 m，形状系数取1，当两相短路时作用在主导体的力为

$$F_{m2}=0.173\times1\times100^2\times0.5/0.25\ \text{N}=3460\ \text{N}$$

（4）硬导体弯曲应力的计算

1）考虑自振频率影响时三相短路的最大作用力 F_{k3} 为

$$F_{k3}=0.173K_x\beta i_p^2\frac{l}{D} \tag{27}$$

式中 F_{k3}——考虑自振频率影响时三相短路的最大作用力（N）；

K_x——矩形截面导体的形状系数；

i_p——三相短路冲击电流（kA）；

β——振动系数，在单频振动系统中，β 可根据导体固有频率 f_0 由图19查得；

D——导体中心距离（m）；

l——支撑绝缘子的跨度（m）。

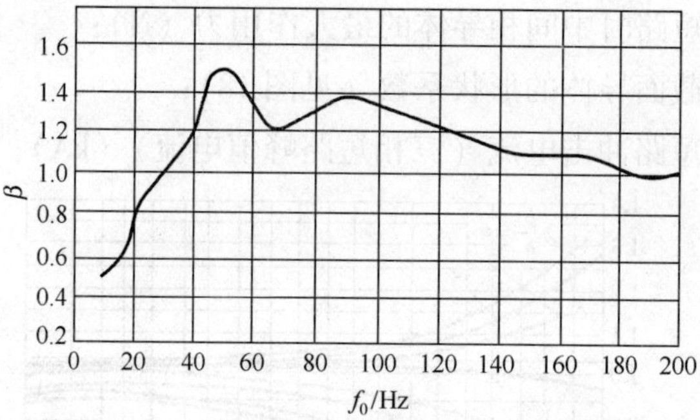

图19 单频振动系统中振动系数 β 与 f_0 的关系曲线

2）考虑自振频率影响时导体的应力。导体的应力与导体的自振频率和系统频率有关，当两个频率接近时，应力将被放大。

对于振动系数 β，当导体的自振频率 f_m 能限制在上述共振频率范围之外时 $\beta\approx1$，当导体的自振频率无法限制在上述共振频率范围之外时，导体受力应乘以振动系数 β。

当跨数大于2时，导体的应力 σ_c 为

$$\sigma_c=1.73K_x i_p^2\beta\frac{l^2}{DW}\times10^{-2} \tag{28}$$

式中 σ_c——考虑自振频率影响时的导体的应力（Pa）；

K_x——矩形截面导体的形状系数；

i_p——三相短路冲击电流（kA）；

β——振动系数；

l——支撑绝缘子的跨度（m）；

D——导体中心距离（m）；

W——导体截面系数（m^3）。

当跨数为 2 及以下时，导体的应力 σ_c 为

$$\sigma_c = 2.16 K_x i_p^2 \beta \frac{l^2}{DW} \times 10^{-2} \tag{29}$$

例如：三相对称短路电流初始值为 30 kA，短路电流的冲击系数为 1.8，系统频率为 50 Hz，无自动重合闸，支撑间距数量为 10，支撑间距为 0.5 m，导线间的中心线距离为 0.25 m，Al-Mg-Si 0.5 矩形导线，$b = 10$ mm，$h = 60$ mm，单位长度的质量为 1.62 kg/m，弹性模数为 70000 N/mm²，屈服点为 120～180 N/mm²，振动系数取 1.5，矩形截面导体的形状系数取 1。

中心主导线上的最大作用力为

$$F_{k3} = 0.173 \times 1 \times 1.5 \times (30 \times 1.8 \times \sqrt{2})^2 \times 0.5/0.25\,\text{N} = 3027\,\text{N}$$

短路电流产生的力矩为

$$M = 3027 \times 0.5/10\,\text{N} \cdot \text{m} = 151.35\,\text{N} \cdot \text{m}$$

导体截面系数取 1 cm³，弯曲应力为

$$\sigma_c = M/W = 151.35\,\text{N/mm}^2$$

弯曲应力大于屈服点的下限，小于屈服点的上限，能否满足动稳定的要求应向生产厂家咨询，单纯从设计角度，宜尽量控制弯曲应力不超过屈服点下限。如本次校验结果较为尴尬，可以按屈服点下限反算。

反算的中心主导线上的最大作用力为

$$F_{k3} = 120 \times 10/0.5\,\text{N} = 2400\,\text{N}$$

其他条件均不变，只调整导线间的中心线距离，那么最小距离为

$$D = 3027 \times 0.25/2400 = 0.32\text{，可取 } 0.35$$

电磁力与距离成反比，所以增大间距能有效降低这个作用力。

如《配三》表 4-24，表下注 2 提到，变压器容量 630 kV · A 以上时间距按 350 mm，变压器容量 630 kV · A 以下时间距按 250 mm，间距大了之后，电抗大了近 10%，这样短路电流会小一些，影响大的主要还是间距在计算电磁力时的影响，影响更加直接。

导体应力对支撑件作用力为

$$F_{k3}=0.173K_x\beta i_p^2\frac{l}{D}$$

$$=0.173\times1\times1.5\times(30\times1.8\times\sqrt{2})\times20.5/0.25\text{ N}=3027\text{ N}$$

校验导体对支撑件的作用力是否满足，按《配四》表（见表51）校验。

表51　导体对支撑件作用力校验

电器名称	校验项目、计算公式和符号说明	
	IEC标准校验方法	短路电流实用计算法校验方法
支柱绝缘子	$F_{r,d}\leqslant F_{ph}$ 式中　$F_{r,d}$——支架的计算最大受力（N）； F_{ph}——绝缘子弯曲破坏荷载（N），由厂家样本查得。 注：当绝缘子安装在屋外时还应计算气象条件的影响，并考虑安全系数	$F_{k3}\leqslant K_F F_{ph}$ 式中　F_{k3}——作用在绝缘子上的作用力（N）； K_F——可靠系数，$K_F=0.5$； F_{ph}——绝缘子弯曲破坏荷载（N），由厂家样本查得。 注：当绝缘子安装在屋外时还应计算气象条件的影响，并考虑安全系数

根据公式计算绝缘子弯曲破坏荷载最小为

$$F_{ph}=3027/0.6\text{ N}=5045\text{ N}$$

用这个数值来查样本确定最终绝缘子参数。

40. 供电半径的限制因素有哪些?

供电半径一般是指同一电压等级的供电线路的长度。如10kV供电半径是指110kV/10kV或35kV/10kV的变压器到10kV/0.4kV变压器或10kV用电设备的供电线路的长度。220V/380V低压系统的供电半径一般是指10kV/0.4kV变压器到用电设备处的供电线路的长度。

国家标准规范中不强制供电半径，不看其他条件仅看供电半径，无法确定到底哪个值是合理的，需要综合考虑，所以国家标准规范不强制供电半径是有道理的。地方标准有的对供电半径有要求，并结合了各地实际，也是有道理的。如天津要求低压不超过200m，具体要求是变电站到多层楼下不超过200m，到高层楼下不超150m，算到末端的话，大约在250m左右；市区10kV等级高压半径不超过2km，郊区不超过5km，农村不超过10km，这个规定也是有一定道理的，是按天津当地的负荷密度来要求的。纯技术角度来看供电半径受多个参数影响，但总归有个常规做法，所以有经验值，或技术措施、手册和图集一类书籍中会明确这些内容，方便实际设计时参考。

《建筑电气专业技术措施》和《工业与民用配电设计手册》一致推荐，低压供电半径不宜超过 200~250 m，末端不宜超过 30~50 m。

供电半径与诸多因素有关，诸如导线载流量、导体截面、灵敏度、热稳定、动稳定、电压降、机械强度、配电级数、保护级数、有色金属消耗、经济电流密度、泄漏电流、选择性、负荷性质、管理模式等。

如路灯，其负荷非常分散，按 200~250 m 的供电半径是非常不合理的，实际中供电半径往往远远大于这个值，经常达上千米甚至数千米。又如对于某些电压等级来说极大的负荷，会靠近变压器，供电半径会远远小于 200~250 m。所以说不宜超过 200~250 m 的要求只是常规建筑电气普通负荷的半径。

41. 泄漏电流是否影响供电半径？

有些电击风险大的场所，规范要求必须设置剩余电流保护装置（RCD）。如 GB/T 13955—2005 的 4.5 条规定必须安装 RCD 的设备和场所：

（1）末端保护

1）属于Ⅰ类的移动式电气设备及手持式电动工具。

2）生产用的电气设备。

3）施工工地的电气机械设备。

4）安装在户外的电气装置。

5）临时用电的电气设备。

6）机关、学校、宾馆、饭店、企事业单位和住宅等除壁挂式空调电源插座外的其他电源插座或插座回路。

7）游泳池、喷水池、浴池的电气设备。

8）安装在水中的供电线路和设备。

9）医院中可能直接接触人体的电气医用设备。

10）其他需要安装 RCD 的场所。

（2）线路保护

低压配电线路根据具体情况采用二级或三级保护时，在总电源端、分支线首端或线路末端（农村集中安装的电能表箱、农业生产设备的电源配电箱）安装 RCD。

末端设置 30 mA 的 RCD 之后极大限制了供电距离，电压降、载流量和灵敏度这些都可以通过增大截面来解决，截面越大，泄漏电流越大，需特别注意。换句话说，30 mA 的 RCD 限制了供电半径，无法通过增大截面来解决，当某些较为特殊情况采用 10 mA 和 6 mA 的 RCD 时，更要注意泄漏电流引起的供电半径受限问题。下面通过两个例题来对比灵敏度和泄漏电流对供电半径的影响。

例 4：假设小区内庭院灯采用 TN-S 接地系统，该回路断路器是额定电流为 16 A 的微型断路器，瞬时过电流脱扣器整定电流为 125 A，RCD 额定漏电动作电流为 30 mA。采用 YJV22-3×10 mm^2（故障回路单位阻抗按 5.3 Ω/km 计算）直埋敷设，当相导体与大地之间发生接地故障时，相导体与大地之间的接地电阻为 10 Ω，庭院灯处接地电阻为 30Ω。供电距离最长多远？

（A）255 m　（B）332 m　（C）268 m　（D）536 m

答案：A

解析：依据《低压配电设计规范》（GB 50054-2011）的 6.2.4 条和 5.2.8 条，《配四》的表 11.7-16 和 11.7.7.1 节。

设长度为 L。按灵敏度校验：

$$Z_s I_a \leqslant U_0$$

$$5.3L/1000 \leqslant 220/(125 \times 1.3)$$

$$L \leqslant 255\ \mathrm{m}$$

按泄漏电流校验：

$$30 > 56L \times 2/1000$$

$$L < 268\ \mathrm{m}$$

两个校验同时满足，取 $L \leqslant 255$ m。

知识点解析：本题忽略灯具泄漏电流和电压降的影响，庭院灯功率一般相对较小，泄漏电流相对较长线路也是较小的，数量也有限。庭院灯和夜景照明这类功率较小但距离较长的供电应注意灵敏度和泄漏电流校验，载流量和电压降一般问题不大。增大导线截面可以解决灵敏度校验和电压降问题，但是无法解决泄漏电流问题，截面越大，泄漏电流越大。

开关导线选择，注意 RCD 只能保护对地故障，不能保护相间和相对 N 短路，仍然需要过电流保护来执行保护。故障回路的阻抗直接给出降低了难度，如只是给出导线类型和截面，还需要查表和计算。

例 5：假设小区内庭院灯采用 TN-S 接地系统，该回路断路器是额定电流为 16 A 的微型断路器，瞬时过电流脱扣器整定电流为 125 A，RCD 额定漏电动作电流为 30 mA。采用 YJV22-3×25 mm^2（故障回路单位阻抗按 2.1 Ω/km 计算）直埋敷设，当相导体与大地之间发生接地故障时，相导体与大地之间的接地电阻为 10 Ω，庭院灯处接地电阻 30 Ω。供电距离最长多远？

（A）255 m （B）645 m （C）214 m （D）428 m

答案：C

解析：依据《低压配电设计规范》（GB 50054-2011）的 6. 2. 4 条和 5. 2. 8 条，《配四》的表 11. 7-16 和 11. 7. 7. 1 节。

设长度为 L。按灵敏度校验：

$$Z_s I_a \leqslant U_0$$

$$2.1L/1000 \leqslant 220/(125\times1.3)$$

$$L \leqslant 645\,\mathrm{m}$$

按泄漏电流校验：

$$30 > 70L\times2/1000$$

$$L < 214\,\mathrm{m}$$

两个校验同时满足，取 $L<214$ m。

知识点解析：本题忽略灯具泄漏电流和电压降的影响。上一题是灵敏度校验限制了供电距离，这一题增大截面之后，灵敏度限制放开，但是截面增大带来新的问题，泄漏电流增大，供电距离更短了。把 30mA 调大又有安全隐患，所以供电距离有限。

固有的泄漏电流一般是由相导体与地之间低绝缘水平，或是相导体与地之间存在滤波器（或电容器）而引起的。固有的泄漏电流可能是电源频率的泄漏电流，也可能是谐波的泄漏电流。

RCD 的 $I_{\Delta n}$ 应大于正常泄漏电流的 2 倍。

这个泄漏电流仅为统计意义的参考值，尤其是考虑实际产品的质量和施工质量，更不能忽视，一旦出现问题，能否从设计角度分析出是设计问题还是产品或施工问题。

RCD 的动作约定是，当泄漏电流在 0. 5~1 倍额定剩余动作电流时，允许动作，当达到额定剩余动作电流时必须在约定时间内动作。所以要求 RCD 的额定剩余动作电流应大于正常泄漏电流的 2 倍是为了防止误动作。因为正常运行情况下也必然存在泄漏电流，而且距离长，用电设备多，泄漏电流会较大。

RCD 对供电距离的限制无非是线路长，泄漏电流大，同一根导体 1000 m 和两根 500 m 同样材质同样环境下的泄漏电流是一样的，也可以引申到供电范围、供电面积、用电设备多少、用电线路多少，也就是说 RCD 不仅限制了供电半径，还限制了供电范围，如 JGJ 242-2011 的 6. 3. 1 的条文说明中提到如下内容：

国家标准《建筑物电气装置 第4-42部分：安全防护热效应保护》（GB 16895.2—2005/IEC 60364-4-42：2001）第422.3.10条规定在BE2火灾危险条件下，在必须限制布线系统中故障电流引起火灾发生的地方，应采用RCD保护，保护器的额定剩余电流动作值不超过0.5 A。IEC 60364-4-42：2010版中将0.5 A改为0.3 A，目前国内相应等同规范还没有出版。

一个住宅单元或一栋住宅建筑，家用电器的正常泄漏电流是个动态值，设计人员很难计算，按面积估算相对比较容易。下面列出面积估算值和常用电器正常泄漏电流参考值，供设计人员参考使用。

1）当住宅部分建筑面积小于1500 m^2（单相配电）或4500 m^2（三相配电）时，防止电气火灾的RCD的额定值为300 mA。

2）当住宅部分建筑面积在1500~2000 m^2（单相配电）或4500~6000 m^2（三相配电）时，防止电气火灾的RCD的额定值为500 mA。

3）常用电器正常泄漏电流参考值见表52：

表52 常用电器正常泄漏电流参考值

序号	电器名称	泄漏电流/mA	序号	电器名称	泄漏电流/mA
1	空调器	0.8	8	排油烟机	0.22
2	电热水器	0.42	9	白炽灯	0.03
3	洗衣机	0.32	10	荧光灯	0.11
4	电冰箱	0.19	11	电视机	0.31
5	计算机	1.5	12	电熨斗	0.25
6	饮水机	0.21	13	排风机	0.06
7	微波炉	0.46	14	电饭煲	0.31

RCD产品标准规定：不动作泄漏电流值为1/2额定值。一个额定值为30 mA的RCD，当正常泄漏电流值为15 mA时保护器是不会动作的，超过15 mA保护器动作是产品标准允许的。表52中数据可视为一户住宅常用电器正常泄漏电流值，约为5 mA。一个额定值同样是300 mA的RCD，如果动作电流值为180 mA，可以带30余户，如果动作电流值为230 mA，可以多带10户。此例仅为说明RCD选择时应注意其动作电流的值，供设计人员参考。每户常用电器正常泄漏电流不是一个固定值，其他非住户用电负荷如公共照明等的正常泄漏电流也没有计算在内。

RCD的额定电流值各生产厂家是一样的，但动作电流值各生产厂家不一样，设计人员在设计选型时应注意查询。

住宅建筑防电气火灾剩余电流动作报警装置的设置与接地形式有关，规范只规定了报警声光信号的设置位置。

需注意，JGJ242-2011 中提到的泄漏电流计算方法未按矢量和计算，230 mA 比 180 mA 多带 10 户，也就是 50 mA 现在最新资料已明确按矢量和计算泄漏电流，每相可多带 10 户（50 mA），三相均分的情况下，共计可多带 30 户（矢量最大泄漏电流仍为 50 mA）。

42. 线路敷设如何分类？

线路敷设种类繁多，户内、外布线分类如下：裸导体布线、绝缘导线明敷设布线、穿管布线、钢索布线、线槽布线、可弯曲金属导管布线、封闭式母线布线、电气竖井布线。电缆敷设分为地下直埋、穿管、桥架、电缆沟、电缆隧道、排管、架空、桥梁或构架上、水下。

实际应用中，应按照 GB 50054-2011 的要求，并结合各种实际情况来确定最终的敷设方式。

1）配电线路的敷设，应符合下列条件：

① 与场所环境的特征相适应。

② 与建筑物和构筑物的特征相适应。

③ 能承受短路可能出现的机电应力。

④ 能承受安装期间或运行中布线可能遭受的其他应力和导线的自重。

2）配电线路的敷设环境，应符合下列规定：

① 应避免由外部热源产生的热效应带来的损害。

② 应防止在使用过程中因水的侵入或因进入固体物带来的损害。

③ 应防止外部的机械性损害。

④ 在有大量灰尘的场所，应避免由于灰尘聚集在布线上对散热带来的影响。

⑤ 应避免由于强烈日光辐射带来的损害。

⑥ 应避免腐蚀或污染物存在的场所对布线系统带来的损害。

⑦ 应避免有植物和（或）霉菌衍生存在的场所对布线系统带来的损害。

⑧ 应避免有动物的情况对布线系统带来的损害。

关于穿管布线，GB 50054-2011 中有如下要求：

1）除下列回路的线路可穿在同一根导管内外，其他回路的线路不应穿于同一根导管内。

① 同一设备或同一流水作业线设备的电力回路和无防干扰要求的控制回路。

② 穿在同一管内绝缘导线总数不超过 8 根，且为同一照明灯具的几个回路或同类照明的几个回路。

2）同一回路的所有相线和中性线，应敷设在同一金属槽盒内或穿于同一根金属导管内。

以上两个条文提出了一般要求，一般不同回路不能穿同一个管，同一个回路必须穿同一个管。

按《民用建筑电气设计规范》的 8.1.6 条，敷设在钢筋混凝土现浇楼板内的电线导管的最大外径不宜大于板厚的 1/3。电气设计中的穿管，外径不大于板厚 1/3。那竖直方向有要求吗?

有的。一般极限是公称直径 50 mm 左右的管子，最好只穿公称直径 20 mm 这种小管子，公称直径 32 mm 的管子不多的话也可以穿，尽量不穿大管子。一般墙都有梁，竖直方向穿梁，结构没有明确加强措施，结构专业不允许竖直方向穿管。但是 20 mm 这种管子无法避免，默认可以，且影响不大。少量公称直径 50 mm 及以下的较大管子影响不大。公称直径 50 mm 以上就影响结构钢筋了，梁钢筋有间距，一般都不会超 50 mm。注意，塑料管公称直径接近外径，钢管公称直径一般接近内径。

另外需要注意，导线穿管时导线的总截面积（包括外护层）不应大于管内截面积的 40%，这是最小管径的确定方法，同时注意直线不超过 30 m，一个直角弯不超过 20 m，两个直角弯不超过 15 m，三个直角弯不超过 8 m。超过这个长度，应加过线盒、箱或加大管径。

对于电缆，要求管内径大于电缆外径的 1.5 倍，同时满足弯曲半径，直角弯的数量对管径的影响很明显。如图 20 所示。

对于 YJV-3×25 mm^2+2×16 mm^2 的电缆来说，直线 30 m 以下最小管径为 SC40，一个弯曲 30 m 以下最小管径为 SC50，两个弯曲 30 m 以下最小管径为 SC70。所以不能单纯说多大线配多大管，需要按实际情况。

GB 50054-2011 的 7.6 条对桥架布线有如下要求：

1）除技术夹层外，电缆托盘和梯架距地面的高度不宜低于 2.5 m。

2）电缆在托盘和梯架内敷设时，电缆总截面积与托盘和梯架横截面积之比，电力电缆不应大于 40%，控制电缆不应大于 50%。

3）电缆托盘和梯架水平敷设时，宜按荷载曲线选取最佳跨距进行支撑，且支撑点间距宜为 1.5~3 m。垂直敷设时，其固定点间距不宜大于 2 m。

4）电缆托盘和梯架多层敷设时，其层间距离应符合下列规定：

			1.5	2.5	4	6	10	16	25	35	50	70	95	120	150	185	240
VV VLV 0.6/1kV	电缆标称截面 / mm²		1.5	2.5	4	6	10	16	25	35	50	70	95	120	150	185	240
	焊接钢管（SC）或水煤气钢管（RC）		最小管径 / mm														
	电缆穿管长度在30m及以下	直线	20		25	32		40		50		70			80		100
		一个弯曲时	25		32	40		50	70			80		100		125	150
		两个弯曲时				50		70		80					125		

			1.5	2.5	4	6	10	16	25	35	50	70	95	120	150	185	240
YJV ZR-YJV YJLV ZR-YJLV 0.6/1kV	电缆标称截面 / mm²		1.5	2.5	4	6	10	16	25	35	50	70	95	120	150	185	240
	焊接钢管（SC）或水煤气钢管（RC）		最小管径 / mm														
	电缆穿管长度在30m及以下	直线	15	20		32		40		50		70					
		一个弯曲时	20	25			40		50		70		80	100		150	
		两个弯曲时	25	32					70		80				125		

			2.5	4	6	10	16	25	35	50	70	95	120	150	185	240
NH-YJV GZR-YJV* 0.6/1kV	电缆标称截面 / mm²		2.5	4	6	10	16	25	35	50	70	95	120	150	185	240
	焊接钢管（SC）或水煤气钢管（RC）		最小管径 / mm													
	电缆穿管长度在30m及以下	直线	32		40		40		70		80			100		125
		一个弯曲时	40		50		70		80		100		125		150	
		两个弯曲时	50		70			100			125					

注：1. 适用于三芯+N及三芯+N+PB等电力电缆穿管保护。

2. “*”隔氧层阻燃电缆。

V(L)V YJ(L)V (G)ZR-YJ(L)V NH-YJV电力电缆穿金属管最小管径	图集号	12D1
	页次	130

图 20　电缆最小管径确定

① 控制电缆间不应小于 0.20 m。

② 电力电缆间不应小于 0.30 m。

③ 非电力电缆与电力电缆间不应小于 0.50 m；当有屏蔽盖板时，可为 0.30 m。

④ 托盘和梯架上部距顶棚或其他障碍物不应小于 0.30 m。

5）几组电缆托盘和梯架在同一高度平行敷设时，各相邻电缆托盘和梯架间应有满足维护、检修的距离。

6）下列电缆不宜敷设在同一层托盘和梯架上：

① 1 kV 以上与 1 kV 及以下的电缆。

② 同一路径向一级负荷供电的双路电源电缆。

③ 应急照明与其他照明的电缆。

④ 电力电缆与非电力电缆。

7）上条规定的电缆，当受条件限制需安装在同一层托盘和梯架上时，应采用金属隔板隔开。

8）电缆托盘和体积不宜敷设在热力管道的上方及腐蚀性液体管道的下方；腐蚀性气体的管道，当气体相对密度大于空气时，电缆托盘和梯架宜敷设在其上方；当气体相对密度小于空气时，宜敷设在其下方。电缆托盘和梯架与各种管道的最小净距应符合表53的规定。

表53　电缆托盘和梯架与各种管道的最小净距　　（单位：m）

管道类别		平行净距	交叉净距
有腐蚀性液体、气体的管道		0.5	0.5
热力管道	有保温层	0.5	0.3
	无保温层	1.0	0.5
其他工艺管道		0.4	0.3

9）电缆托盘和梯架在穿过防火墙及防火楼板时，应采取防火封堵。

10）金属电缆托盘、梯架及支架应可靠接地，全长不应小于2处与接地干线相连。

GB 50217-2007的附录D对桥架布线有如下要求：

电缆桥架上无间距配置多层并列电缆载流量的校正系数见表54。

表54　电缆桥架上无间距配置多层并列电缆载流量的校正系数

叠层电缆层数		一	二	三	四
桥架类别	梯架	0.8	0.65	0.55	0.5
	托盘	0.7	0.55	0.5	0.45

注：呈水平状并列电缆数不小于7根。

《配四》中对多层敷设时载流量校正系数要求见表55。

表55　电缆在托盘、梯架内多层敷设时载流量校正系数

支架形式	电缆中心矩	电缆层数	校正系数	支架形式	电缆中心矩	电缆层数	校正系数
有孔托盘	紧靠排列	2	0.55	梯架	紧靠排列	2	0.65
		3	0.50			3	0.55

注：1. 表中数据不适于交流系统中使用的单芯电缆。

2. 多层敷设时，校正系数较小，工程设计应尽量避免2层及以上的敷设方式。

3. 多层敷设时，平时不载流的备用电缆或控制电缆应放置在中心部位。

4. 本表的计算条件是按电缆束中50%电缆通过额定电流，另50%电缆不通电流。表中数据也适用于全部电缆载流85%额定电流的情况。

注意，当桥架较大，电缆较多时，荷载不能忽略，需要向结构专业提出荷载要求。确定桥架尺寸需要考虑电缆的弯曲半径。关于桥架中载流量降容，GB 50217—

2007 并不是最不利情况，也不是肯定有这样大的降容，但详细计算异常复杂，规范能够明确实用的做法，GB 50217—2007 附录 D 的校正系数，不失为一个很好的做法。

《配四》中细化了校正系数的计算条件，如果超出计算条件，那么校正系数将需要调整。如有孔托盘中电缆紧靠排列 3 层，校正系数为 0.5 的计算条件时电缆束中 50%电缆通过额定电流，其余不通过电流，假如 100%都是额定电流，那么校正系数将会明显小于 0.5。全部电缆载流 85%额定电流等同上述情况，一般设计多少会有一定余量，所以能满足计算电流均不超过电缆额定载流量的 85%，而且整个桥架一般会有一些备用和消防等平时不用的电缆，还有一些电缆用电高峰是不同的。所以普通民用建筑按《配四》或 GB 50217—2007 的校正系数还是非常安全可靠的。如果是负荷稳定且计算负荷准确，如工业厂房，而且厂房往往 2~3 班，甚至有的每天 24 h，一年 365 天不停。这种情况下就需要严格按照校正系数。如果有需要，可以按较为精确的方法计算。

有不少民用建筑同行反映，一直按 0.7~0.8 的降容系数校正，从来没出问题，那是因为民用建筑负荷指标往往明显偏高，计算负荷就明显偏高，而且开关、导线选择时又有一定放大，这些电缆有一定比例备用和消防等平时不用的电缆，还有一些电缆在用电高峰是错开的，所以并没有出问题。但没出问题不代表没有问题，不代表正确合理。

又比如某火车站项目，负荷较为稳定，基本是每天 24 h，一年 365 天不停。火车站的管理人员反映有过负荷跳闸，是否可以把开关调大？现场查看得知，配电箱进线走的桥架，$5\times10\,mm^2$ 电缆配电 32 A 开关，桥架里面电缆较多，几乎满了，足有三四层，校正系数按手册和规范基本在 0.5 左右，电缆校正之后的载流量已经难以大于开关的 32 A。这种情况下调大开关是有隐患的，将失去有效的过负荷保护。为核实现场实际情况，打开桥架盖板，直接用手感受了那根电缆的温度，绝缘部分已经有明显发热的温度，这说明已经接近满载了。后经过详细了解情况，是后加的空调都在同一相，调整到三相之后，解决了这个问题。如果不懂校正系数，单纯看 $5\times10\,mm^2$ 的电缆，直接改为 40 A 或者 50 A 的开关，会留下很大隐患，有可能引发火灾。

43. 关于尖峰电流，《工业与民用配电设计手册》中的计算方法是否正确？

为简化问题，这里只讨论单台电动机起动问题，不考虑多台电动机同时起动的情况。

《配三》计算方法如下：

对于不同性质的负荷，其尖峰电流的计算公式是不同的。

1）单台电动机、电弧炉或电焊变压器的支线，其尖峰电流 I_{jf} 为

$$I_{jf}=KI_r \tag{30}$$

式中 I_r——电动机、电弧炉或电焊变压器一次侧额定电流（A）；

K——起动电流倍数，即起动电流与额定电流之比，笼型电动机可达 7 倍左右，绕线转子电动机一般不大于 2 倍，直流电动机为 1.5~2，单台电弧炉为 3，弧焊变压器和弧焊整流器小于或等于 2.1，电阻焊机为 1，闪光对焊机为 2。

2）接有多台电动机的配电线路，只考虑一台电动机起动时的尖峰电流 I_{jf} 为

$$I_{jf}=(KI_r)_{max}+I'_c \tag{31}$$

式中 $(KI_r)_{max}$——起动电流为最大的一台电动机的起动电流（A）；

I'_c——除起动电动机以外的配电线路计算电流（A）。

工厂供电计算方法：

按起动电流和额定电流差最大的一台的起动电流加其他电动机的计算电流。

教科书中的计算方法：

按最大一台电动机的起动电流加其他电动机计算电流。

实例一：

一台 11 kW 电动机，额定电流为 23 A，起动电流为 161 A；一台 7.5 kW 电动机，额定电流为 15 A，起动电流为 105 A。按《配三》计算尖峰电流：(161+15) A=176 A，按工厂供电计算尖峰电流：(161+15) A=176 A。(同样起动倍数没有疑问)

实例二：

一台 30 kW 电动机，额定电流为 60 A，起动倍数为 7，起动电流为 420 A；一台 37 kW 电动机，起动倍数为 5，额定电流为 85 A，起动电流为 425 A。按《配三》计算尖峰电流：(425+60) A=485 A，按工厂供电计算尖峰电流：(420+85) A=505 A。

实例三：

一台 30 kW 电动机，额定电流为 60 A，起动倍数为 8，起动电流为 480 A；一台 37 kW 电动机，起动倍数为 4，额定电流为 75 A，起动电流为 300 A。按教科书中方法计算尖峰电流：(300+60) A=390 A，按《配三》和工厂供电计算尖峰电流：(480+75) A=555 A。

由以上三个实例计算得知，有的情况按工厂供电计算的尖峰电流大于按《配三》的方法计算的尖峰电流，也就是说按工厂供电计算出来的才是真正的尖峰电流。尖峰电流是确定保护整定的重要依据，应严谨（注意起动倍数不是固定值，笼型电动机一般为 5~7 倍，《电气传动自动化技术手册（第三版）》上的数据是 4~8.4 倍，个别为 13 倍）。

44. 铠装电缆比非铠装电缆弯曲半径小？

导体同截面情况下，铠装电缆弯曲半径肯定大，但是按多少倍直径的话，铠装电缆弯曲半径倍数小，因为导线为铜，硬度比铠装部分大。

GB 50303-2015 的规范正文 11.1.2 条如下：

电缆梯架、托盘和槽盒转弯、分支处宜采用专用连接配件，其弯曲半径不应小于梯架、托盘和槽盒内电缆最小允许弯曲半径，电缆最小允许弯曲半径应符合表 56 的规定。

表 56　电缆最小允许弯曲半径

电缆形式		电缆外径/mm	多芯电缆	单芯电缆
塑料绝缘电缆	无铠装	—	15D	20D
	有铠装		12D	15D
橡胶绝缘电缆			10D	
控制电缆	非铠装型、屏蔽型软电缆		6D	—
	铠装型、铜屏蔽型		12D	
	其他		10D	

45. 设计图样中室内综合管线如何排布？

很多项目未充分考虑水暖电专业的管道敷设空间，往往达不到规范要求的安装间距要求，甚至无法正常安装，影响正常使用。

GB 50303—2015 附录 F 规定了管道最小间距（见表 57），设计时应注意间距，否则后期施工管线无法按要求排布。比如某住宅项目地下一层管线比较集中，层高只有 2.9m，还有 400mm 高的梁。这里已经不是能否符合规范的事情，而是桥架挡住防火门（低压配电门的防火门外开）开启的问题，到了无法安装、无法正常使用的地步。设计的时候比较随意，未能充分考虑管线综合问题。

表 57　母线槽及电缆梯架、托盘和槽盒与管道的最小净距　（单位：mm）

管道类别		平行净距	交叉净距
一般工艺管道		400	300
可燃或易燃易爆气体管		500	500
热力管道	有保温层	500	300
	无保温层	1000	500

本问题的解决方案：对设计进行变更，疏散一些管线，然后一点一点排布，施工会非常难做，误差要非常小才行，后期的维护和检修更是不必说了！

以后的方案：住宅项目地下一层层高至少 3.1m，梁都设置成矮梁，可以走地下二层的尽量走地下二层。

GB 50054-2011 中也有如下要求：

1）电缆托盘和梯架多层敷设时，其层间距离应符合下列规定：

① 控制电缆间不应小于 0.20m。

② 电力电缆间不应小于 0.30m。

③ 非电力电缆与电力电缆间不应小于 0.50m；当有屏蔽盖板时，可为 0.30m。

④ 托盘和梯架上部距顶棚或其他障碍物不应小于 0.30m。

2）几组电缆托盘和梯架在同一高度平行敷设时，各相邻电缆托盘和梯架间应有满足维护、检修的距离。

一般项目中，电缆支架安装应符合下列规定：

① 除设计要求外，承力建筑钢结构构件上不得熔焊支架，且不得热加工开孔。

② 当设计无要求时，电缆支架层间最小距离不应小于表 58 的规定，层间净距不应小于 2 倍电缆外径加 10mm，35kV 电缆不应小于 2 倍电缆外径加 50mm。

③ 最上层电缆支架距构筑物顶板或梁底的最小净距应满足电缆引接至上方配电柜、台、箱、盘时电缆弯曲半径的要求，且不宜小于表 58 所列数再加 80~150mm；距其他设备的最小净距界应小于 300mm，当无法满足要求时应设置防护扳。

表 58　电缆支架层间最小距离　　（单位：mm）

电缆种类		支架上敷设	梯架、托盘内敷设
控制电缆明敷		120	200
电力电缆明敷	10kV 及以下电力电缆（除 6kV～10kV 交联聚乙烯绝缘电力电缆）	150	250
	6kV～10kV 交联聚乙烯绝缘电力电缆	200	300
	35kV 单芯电力电缆	250	300
	35kV 三芯电力电缆	300	350
电缆敷设在槽盒内		h+100	

注：h 为槽合高度。

46. 设计图中的灵敏度在竣工验收时如何测量？

低压成套配电柜和配电箱（盘）内末端用电回路中，所设过电流保护电器兼作故障防护时，应在回路末端测量接地故障回路阻抗，且回路阻抗应满足下式要求：

$$Z_s(m) \leqslant \frac{2}{3} \times \frac{U_0}{I_s} \tag{32}$$

式中　$Z_s(m)$——实测接地故障回路阻抗（Ω）；

U_0——相导体对接地的中性导体的电压（V）；

I_s——保护电器在规定时间内切断故障回路的动作电流（A）。

检查数量：按末级配电箱（盘、柜）总数量抽查20%，每个被抽查的末级配电箱至少应抽查 1 个回路，且不应少于 1 个末域配电箱。

以上是 GB 50303-2015 中 5.1.8 条的要求，设计的时候应该注意，这种问题在审核、校对和外审时都不一定能审出来，施工验收规范已有明确要求，需要检验。

这个要求本是检验施工工艺的，接头是否可靠等。但是一些设计人员并未认真校验，甚至根本没有校验，验收时可能查出不是施工问题，而是设计问题。

那如何校验？一个一个校验工作量非常大，实际设计中可选取几个比较远的末端进线校验。基本原理就是欧姆定律，可查《配三》确定线路阻抗，注意短路计算用的阻抗和电压降计算的不同。本书也给出了常规算法、常见误区及简便算法。

47. 设计图中明确了灯头盒到灯的导线截面积吗？

一般项目中，引向单个灯具的绝缘导线截面积应与灯具功率相匹配，绝缘铜芯导线的线芯截面积不应小于 1 mm^2。

检查数量：按每检验批的灯具数量抽查 5%，且不得少于 1 套。

检查办法：观察检查。

设计、施工和甲方都应该注意，这个 1 mm^2 的概念和意义。灯头盒到灯这一段，只要设计不明确强调，最小就可以用 1 mm^2 的线。

相序与绝缘导线的颜色如何确定和执行？

当采用多相供电时，同一建（构）筑物的绝缘导线绝缘层颜色应一致。

检查数量：按每个检验批的绝缘导线配线总回路数抽查 10%，且不得少于 1 个回路。

检查方法：观察检查。

旧版规范要求按红绿黄，新版规范未做此要求，只规定同一建筑物颜色一致，因 IEC 标准改变，颜色不再是黄绿红。实际应用中应全国统一相序和颜色的要求。比如水泵涉及相序对正反转的影响，如果全国统一，出厂时就按黄绿红设置好，实际使用时不必再判别正反转，如果未能及时发现是反转，时间稍长会烧泵，造成不必要的麻烦和损失。

48. 接线端子和导线不配套时应该如何做？

当接线端子规格与电气器具规格不配套时，不应采取降容的转接措施。

检查数量：按每个检验批的不同接线端子规格的总数量抽查 20%，且各不得少于 1 个。

检查方法：观察检查。

本条规定是为避免施工过程中接线端子规格与电气器具规格不配套时，发生任意减小导线截面积或电器连接件截面积而导致设备运行中发生安全事故作出的。施工中可通过转接铜排的方式，先将端子与具有同等载流量的铜排连接，再将铜排与电气器具连接，端子与铜排连接时，螺栓的拧紧力矩应符合规范规定。

按 GB 50303—2015 的要求是不能采取降容转接措施。规范往往是偏于安全的规定，但难免在一些问题上不尽合理。

例如某夜景照明项目，负荷不大，六个箱子合计 32 kW，但距离较远，从第一个到第六个共计 300 余 m，干线 35 mm^2，配电箱进线开关是微型断路器，进出 35 mm^2 的线并不方便，如果用 6 mm^2 的线做分支，接线会非常方便。电压降和灵敏度都没有问题，只有这一小段，可以忽略。配电箱是专用固定负荷，一般不会出现过负荷的情况，如果有临时接入负荷，配电箱总开关会限制容量，也没有问题。不管是中间的配电箱还是最后一个配电箱，都可以减小导线截面以利于接线，并不会发生安全事故。

如果是距离较近，导线载流量仅略大于开关长延时整定值，则不应采取降容的转接措施，至少要保证，导体载流量大于开关长延时整定值。

49. GB 50054—2011 的 6.2 和 6.3 条中提到的载流量减小处，若导体超过 3 m 必须加保护吗？

载流量减少处导体超过 3 m 未必要加保护！GB 50054—2011 规定如下：

1）短路保护电器应装设在回路首端和回路导体载流量减小的地方。当不能设置在回路导体载流量减小的地方时，应采用下列措施：

① 短路保护电器至回路导体载流量减小处的这一段线路长度，不应超过 3 m。

② 应采取将该段线路的短路危险减至最小的措施。

③ 该段线路不应靠近可燃物。

2）导体载流量减小处回路的短路保护，当离短路点最近的绝缘导体的热稳定和上一级短路保护电器符合规范 GB 50054—2011 的 6. 2. 3 条、6. 2. 4 条的规定时，该段回路可不装设短路保护电器，但应敷设在不燃或难燃材料的管、槽内。

3）下列连线或回路，当在布线时采取了防止机械损伤等保护措施，且布线不靠近可燃物时，可不装设短路保护电器：

① 发电机、变压器、整流器、蓄电池与配电控制屏之间的连接线。

② 断电比短路导致的线路烧毁更危险的旋转电动机励磁回路、超重电磁铁的供电回路、电流互感器的二次回路等。

③ 测量回路。

4）过负荷保护电器，应装设在回路首端或导体载流量减小处。当过负荷保护电器与回路导体载流量减小处之间的这一段线路没有引出分支线路或插座回路，且符合下列条件之一时，过负荷保护电器可在该段回路任意处装设：

① 过负荷保护电器与回路导体载流量减小处的距离不超过 3 m，该段线路采取了防止机械损伤等保护措施，且不靠近可燃物。

② 该段线路的短路保护符合规范 GB 50054—2011 的 6. 2 条的规定。

5）除火灾危险、爆炸危险场所及其他有规定的特殊装置和场所外，符合下列条件之一的配电线路，可不装设过负荷保护电器：

① 回路中载流量减小的导体，当其过负荷时，上一级过负荷保护电器能有效保护该段导体。

② 不可能过负荷的线路，且该段线路的短路保护符合规范 GB 50054—2011 的第 6. 2 条的规定，并没有分支线路或出线插座。

③ 用于通信、控制、信号及类似装置的线路。

④ 即使过负荷也不会发生危险的直埋电缆或架空线路。

条文说明：

导体载流量减小的原因包括截面积、材料、敷设方式发生变化等。

根据条文说明内容，不只截面变化才导致载流量变化，材料、敷设方式，甚至不同环境温度的差异都会引起载流量变化，试问环境温度处处相等吗？很明显不完全相等，有时候差异还较大，其他条件相同情况下，环境温度越高，载流量越小，此时需要加保护吗？如果需要，岂不是要加很多保护？

以上规范结合起来看，主要是短路保护和过负荷保护两项都需要满足。短路保护不难理解，只要最近的开关能保护到就可以，并不强制载流量减小处增加保护。增加开关就增加人为断点概率。过负荷保护常规是在线路首端或载流量减小处装设级，但满足短路保护，且没有分支线和插座引出，也就是说放在后面的开关能够进行过负荷保护，因此规范允许这种情况下分支线超过 3 m 而不额外加保护。另外第 5）条中明确了哪些场所可不装设过负荷保护电器，并不是所有地方都强制要求过负荷保护。

举个简单例子，并非 2. 5 mm^2 的线只能接常规的 16 A 开关，与 63 A 开关配合也不一定不满足规范。

50. 防雷的预计雷击次数计算需要注意哪些问题？

平时设计时只能按建筑高度，把建筑近似为长方体，大概计算雷击次数。按 GB 50057—2010 附录 A 去详细计算，有一定难度。另外从实际来讲，附录 A 也无法代表全部情况，很多情况并未明确。因此，某些情况下纠结如何精确计算，其实没有必要。

首先明确一个概念，电气规范说的是建筑物的高度，这和建筑专业的建筑高度不是一个概念。另外建筑物很少有方方正正的，几乎没有严格正方体或者长方体，甚至一些奇形怪状，根本无法准确计算雷击次数，只能大概估算。

对于建筑电气设计来说，雷击次数精确计算并没有多大意义。首先要搞清楚几个问题：建筑物的高度如何得到的？室内外高差是否考虑？如果一个地块多个建筑物，这一片是个坡度较大的地方，只按建筑高度计算（例如同一个小区，20 栋同样参数的高层，建筑高度相同，但实际高度不同，闪电是不会认建筑高度的，如何计算）？屋面是平的？没坡度？没任何凸出？周围建筑物的影响考虑了吗？土壤电阻率大小考虑了吗？

下面先看规范要求。

建筑物年预计雷击次数应按下式计算：

$$N = kN_gA_e \tag{33}$$

式中 N——建筑物年预计雷击次数（次/a）；

k——校正系数，在一般情况下取 1；位于河边、湖边、山坡下或山地中土壤电阻率较小处、地下水露头处、土山顶部、山谷风口等处的建筑物，以及特别潮湿的建筑物取 1.5；金属屋面没有接地的砖木结构建筑物取 1.7；位于山顶上或旷野的孤立建筑物取 2；

N_g——建筑物所处地区雷击大地的年平均密度（次/km^2/a）；

A_e——与建筑物截收相同雷击次数的等效面积（km^2）。

雷击大地的年平均密度，首先应按当地气象台、站资料确定；若无此资料，可按下式计算：

$$N_g = 0.1\times T_d \tag{34}$$

式中 T_d—— 年平均雷暴日，根据当地气象台、站资料确定（d/a）。

规范要求山坡下、土山顶部等按 1.5 校正，山地或旷野的孤立建筑物按 2 校正，并未区分山多高，有海拔几百米的山，也有海拔几千米的山，有非常陡峭的山，也有坡度较缓的山，另外山坡范围较大，都按同一个系数？规范本身没要求那么细致，只能大概简单计算，设计人员作为执行者应理解规范意图。

美观性要求：如古建筑或仿古建筑等对美观性要求极高，既要考虑保护范围，易受雷击的部位，又要考虑美观性。

51. 进户箱和层箱必须设置 SPD？SPD 的后备保护应该用断路器还是熔断器？

GB 50057—2010 和 GB 50343—2012 中有这样的要求，进户箱和层箱要求设置电涌保护器（Surge Protective Device，SPD）。别墅的电表箱往往在门外不远处，沿街商业的电表箱在户外，这两种都是走了一部分室外，进户是否需要设置 SPD？设置的话按几类？

注意，需要正确理解规范和 SPD 原理，无非就是释放能量的渠道和等级。

实例一：常见的底商，室外电表箱到进户箱，如何设置 SPD？可以都设置一级 SPD，也可以只在电表箱或进户箱设置。

实例二：别墅，有设计人员套进户箱和层箱要求设置 SPD，其实没必要，距离这么近，范围这么小，进户设置一个足够释放能量了。

那么，SPD 的后备保护到底应该用断路器还是熔断器？

最早用断路器，后来研究说熔断器更好（解决了一部分问题），现在又有研究说，前面两种都不合适，应该厂家配套专用外部脱离器。

不管是断路器还是熔断器都存在一定问题，暂且把 SPD 前面的保护统称为保护电器（后备保护）。需考虑两方面：雷电流来的时候，保护电器不动作（不该动的时候不动）；当 SPD 故障（短路可能是一个过程，不完全短路只是某种失效，普通熔断器或断路器无法分断）的时候，也就是没有雷电流的时候，还长期有电流，达到一定值（例如 5 A）就动作（该动的时候就动），这两点普通断路器和熔断器都无法做到。在实际设计中为规避这个问题，可标注保护电器由厂家配套。

外部脱离器的特性参数应经过动作负载试验、热稳定试验、短路电流特性试验和 TOV 试验确定，特殊类型的 SPD 外部脱离器还要进行附加试验。最终，外部脱离器应由制造厂选定，并随 SPD 一并提供；不可通过公式或凭经验数值选择；也不可选用相同规格，但未经型式试验的其他产品。

另外应该注意大系统，SPD 后备保护应与上下级有选择性，此处不误动、越级误动也应避免。所以，一味强调这一局部的重要性意义不大，应通盘考虑整个配电系统。

52. 电涌保护器如何分类和应用？

电涌保护器（SPD）是一种用于带电系统中限制瞬态过电压和引导泄放电涌电流的非线性防护器件，用以保护电气或电子系统免遭雷电或操作过电压及涌流的损害。

按其使用的非线性元件特性，分类如下：

1）电压开关型SPD。当无电涌时，SPD呈高阻状态；而当电涌电压达到一定值时，SPD突然变为低阻抗。因此，这类SPD又被称为“短路型SPD”。常用的非线性元件有放电间隙、气体放电管、双向可控硅开关管等。其具有不连续的电压-电流特性及通流容量大的特点，特别适用于LPZ0A区或LPZ0B区与LPZ1区界面处的雷电电涌保护；且宜用于“3+1”保护模式中低压N导体与PE导体间的电涌保护。

2）限压型SPD。此类SPD当无电涌时呈高阻抗，但随着电涌电压和电流的升高，其阻抗持续下降而呈低阻导通状态。此类非线性元件有压敏电阻、瞬态抑制二极管（如齐纳二极管或雪崩二极管）等，此类SPD又称为“箝位型SPD”。其限压器件具有连续的电压-电流特性。因其箝位电压水平比开关型SPD要低，故常用于$LPZ0_B$区和LPZ1区及后续防雷区内的雷电过电压或操作过电压保护。

3）组合型SPD。这是将电压开关型器件和限压型器件组合在一起的一种SPD，随其所承受的冲击电压特性的不同而分别呈现出电压开关型特性、限压型特性或同时呈现开关型及限压型两种特性。

4）用于电信和信号网络中的SPD除有上述特性要求外，还按其内部是否串接限流元件的要求，分为有/无限流元件的SPD。

53. 建筑物接地电阻估算方法中，哪种自然接地电阻不满足要求，需要设计人工接地极？

按华北地区100Ω土壤电阻率，用复合式接地网简易计算公式估算，1Ω最小接地网面积为2500 m^2，0.1Ω需要250000 m^{2}接地网，0.5Ω需要10000 m^{2}接地网。但需注意实际土壤电阻率即使限定在华北平原地区，电阻率大约是几十到几百欧姆的一个范围，并不精确。人工接地极工频接地电阻简单计算式见表59。

表 59 人工接地极工频接地电阻（Ω）简易计算式

接地极形式	简易计算式
垂直式	$R\approx 0.3\rho$
单根水平式	$R\approx 0.03\rho$
复合式（接地网）	$R\approx 0.5\dfrac{\rho}{\sqrt{S}}=0.28\dfrac{\rho}{r}$ 或 $R\approx\dfrac{\sqrt{\pi}}{4}\times\dfrac{\rho}{\sqrt{S}}+\dfrac{\rho}{L}=\dfrac{\rho}{4r}+\dfrac{\rho}{L}$

注：1. 垂直式为长度 3 m 左右的接地级。

2. 单根水平式为长度 60 m 左右的接地极。

3. 复合式中，S 为大于 100 m^2 的闭合接地网的面积；r 为与接地网面积 S 等值的圆的半径，即等效半径（m）。

2013 年注册电气工程师案例考试中考过这样的案例题，规定土壤电阻率条件下，小于多少面积需要设计人工接地极。并非设计说明中指出当实测不满足接地电阻要求时增补人工接地极，有的情况下肯定不满足，必须设置人工接地极，需要图样上明确显示。下面举例说明。

实例：设计一个净化实验室，实验室内实验设备要求接地电阻为 0.1 Ω，原来建筑内的等电位箱是 0.5 Ω，所以需要重新在室外做一个新的接地网，引到实验室内。

按这个条件，建筑物的接地网为 0.5 Ω，要达到 0.1 Ω，接地网面积需要是以前的 25 倍，在外面做一圈。如果原来是 100 m×100 m 的建筑，那么外围接地网将是 500 m×500 m。

GB 50057—2010 条文如下：

共用接地装置的接地电阻应按 50 Hz 电气装置的接地电阻确定，不应大于按人身安全所确定的接地电阻值。在土壤电阻率小于或等于 3000 Ω · m 时，外部防雷装置的接地体当符合下列规定之一以及环形接地体所包围面积的等效圆半径等于或大于所规定的值时可不计及冲击接地电阻；当每根专设引下线的冲击接地电阻不大于 30 Ω，但对规范 GB 50057—2010 的 3. 0. 4 条第 2 款所规定的建筑物则不大于 10 Ω 时，可不按第 1）款敷设接地体：

1）对环形接地体所包围面积的等效圆半径小于 5 m 时，每一引下线处应补加水平接地体或垂直接地体。当补加水平接地体时，其最小长度应按式（35）计算；当补加垂直接地体时，其最小长度应按式（36）计算。

2）在符合规范 GB 50057—2010 的 4. 4. 5 条规定的条件下，利用槽形、板形或条形基础的钢筋作为接地体或在基础下面混凝土垫层内敷设人工环形基础接地体，当槽形、板形基础钢筋网在水平面的投影面积或成环的条形基础钢筋或人工环形基础接地体所包围的面积大于或等于 79 m^2 时，可不补加接地体。

3）在符合规范 GB 50057—2010 的 4. 4. 5 条规定的条件下，对 6 m 柱距或大多数柱距为 6 m 的单层工业建筑物，当利用柱子基础的钢筋作为外部防雷装置的接地体并同时符合下列规定时，可不另加接地体：

① 利用全部或绝大多数柱子基础的钢筋作为接地体。

② 柱子基础的钢筋网通过钢柱、钢屋架、钢筋混凝土柱子、屋架、屋面板、吊车梁等构件的钢筋或防雷装置互相连成整体。

③ 在周围地面以下距地面不小于 0.5 m 深，每一柱子基础内所连接的钢筋表面积总和大于或等于 0.37 m^2。

主要公式：

当每根引下线的冲击接地电阻大于 10 Ω 时，外部防雷的环形接地体宜按下列方法敷设：

1）当土壤电阻率小于或等于 500 Ωm 时，对环形接地体所包围面积的等效圆半径小于5 m 的情况，每一引下线处应补加水平接地体或垂直接地体。

2）第 1）项补加水平接地体时，其最小长度应按下式计算：

$$l_r = 5 - \sqrt{\frac{A}{\pi}} \tag{35}$$

式中 $\sqrt{\frac{A}{\pi}}$——环形接地体所包围面积的等效圆半径（m）；

l_r——补加水平接地体的最小长度（m）；

A——环形接地体所包围的面积（m^2）。

3）第 1）项补加垂直接地体时，其最小长度应按下式计算：

$$l_v = \frac{5 - \sqrt{\frac{A}{\pi}}}{2} \tag{36}$$

式中 l_v——补加垂直接地体的最小长度（m）。

4）当土壤电阻率大于 500 Ωm、小于或等于 3000 Ωm，且对环形接地体所包围面积的等效圆半径符合下式的计算时，每一引下线处应补加水平接地体或垂直接地体：

$$\sqrt{\frac{A}{\pi}} < \frac{11\rho - 3600}{380} \tag{37}$$

54. 如何理解大地电阻与常规金属导体电阻的异同？

大地与常规铜导体有何异同？如计算两处接地之间的电阻，100 m 距离和 200 m

距离，距离长短与整体电阻有关系吗？只算接地处的接地电阻？

大地与常规铜导体都是导体，都能导电，但是有明显的差异。常规导体和大地的接触电阻一般是欧姆级，普通导体之间接触电阻是毫欧级别，相差千倍。

当电气设备发生接地故障时，电流就通过接地体向大地作半球形散开。这一电流称为接地电流。由于这半球形的球面中，距离接地体越远，球面越大，其散流电阻越小，相对于接地点的电位来说，其电位越低，所以接地电流的电位分布如图 21 所示（理论上无穷远处电位为零，根据工程实际 20 m 远处就可以认为是零电位，原因就是 20m 远处的球面非常大，电阻非常小，已经可以忽略，接地电阻主要是流散电阻，其他电阻可以忽略。所以变压器直接接地的低压系统，设备处的接地通过大地返回变压器的通路的电阻只是设备处接地电阻加上变压器处接地电阻。流散电阻也是接地极与大地的接触电阻，接地电阻主要是这个接触电阻。而普通导体与接线端子的电阻对于整条线路来说可以忽略，主要是整条线路的电阻）。

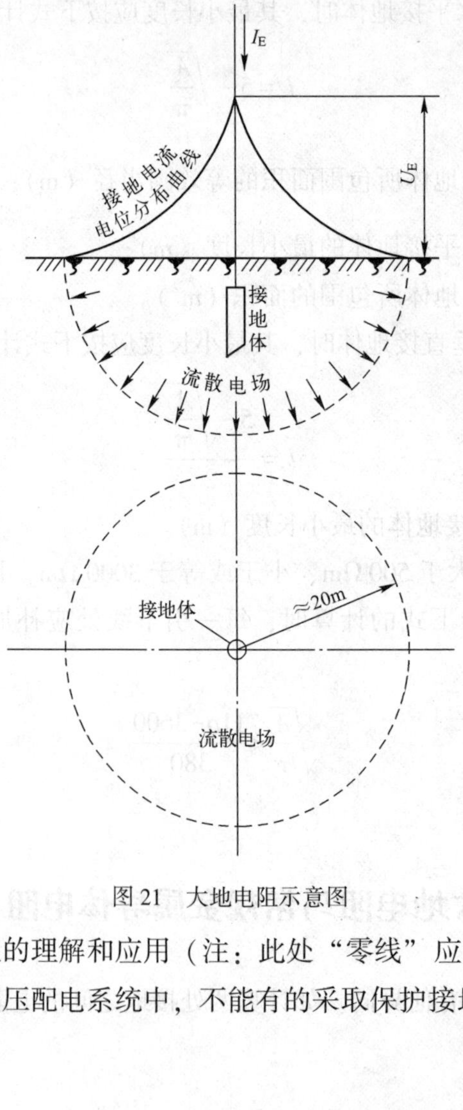

图 21　大地电阻示意图

下面介绍大地电阻的理解和应用（注：此处“零线”应为 PEN 线）。

必须注意：同一低压配电系统中，不能有的采取保护接地，有的又采取保护接零，否则当采取保护接地的设备发生单相接地故障时，采取保护接零的设备外露可导电部分将带上危险的电压，如图 22 所示。

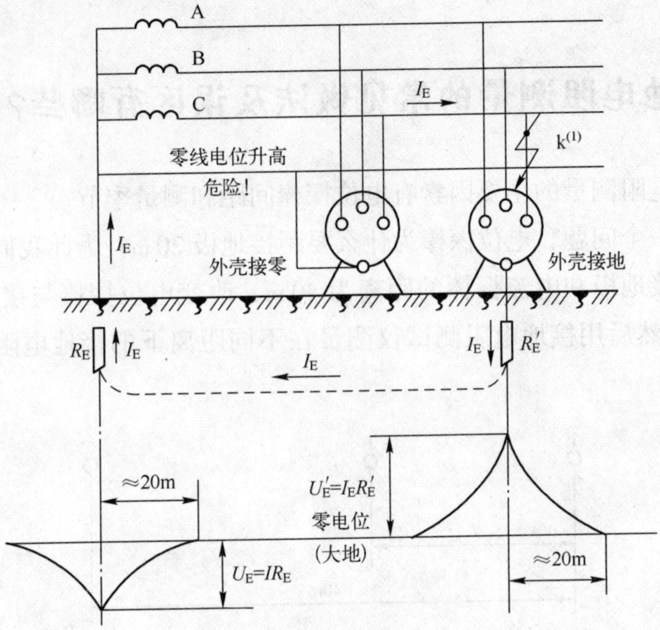

图 22　低压配电系统中危险电压

接触电压：电气设备的绝缘损坏时，在身体可同时触及的两部分之间出现的电位差。例如，人站在发生接地故障的电气设备旁边，手触及设备的金属外壳，则人手与脚之间所呈现的电位差，即为接触电压 U_{tou}，如图 23 所示。

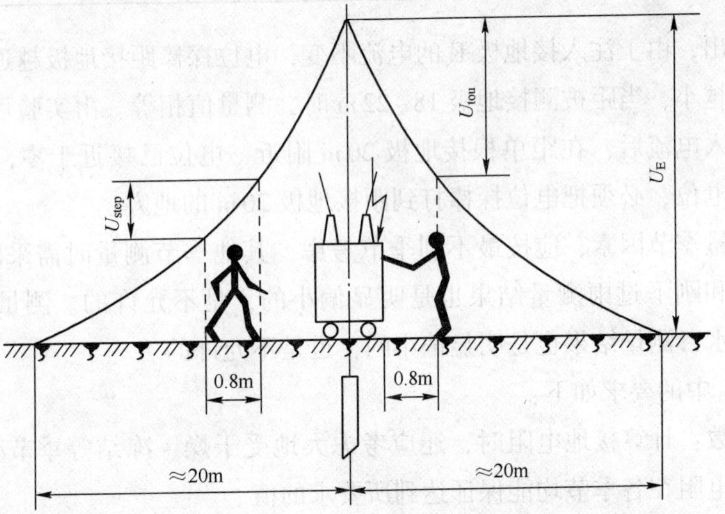

图 23　接触电压和跨步电压

跨步电压：在接地故障点附近行走时，两脚之间出现的电位差 U_{step}，越靠近接地故障点或跨步越大，跨步电压越大。离接地故障点达 20 m 时，跨步电压为零。

55. 接地电阻测量的常见做法及误区有哪些？

影响接地电阻测量的主要因素有电位探棒间距和测量季节。

首先研究一个问题，电位探棒为什么要距接地极 20 m？为此我们进行了以下实验：首先保持接地极和电流探棒的距离为 40 m，改变电位探棒与接地极的距离 d，如图 24 所示；然后用接地电阻测试仪测量在不同距离下的接地电阻示值，得到数据见表 60。

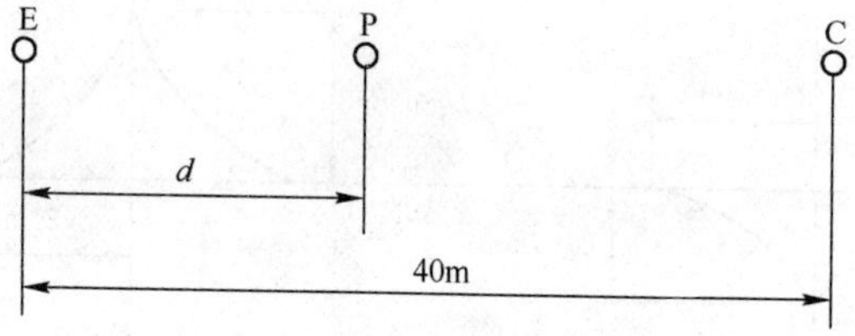

图 24 改变探棒与接地极距离实验

表 60 接地电阻测量结果

d/m	5	10	15	18	20	22
测量结果	1.8	1.9	2.0	2.1	2.1	2.1

可以看出，由于注入接地极 E 的电流不变，电位探棒距接地极越近，它们之间的电位差就越小，当距被测接地极 18~22 m 时，测量值相等。由实验可证明，向单根接地极注入电流后，在距单根接地极 20 m 附近，电位已接近于零，因此要测出接地极对地电位，必须把电位探棒打到距接地极 20 m 的地方。

注意测量季节因素，应按最不利季节考虑，其他季节测量时需采用校正系数。另外下雨天和刚下过雨测量结果也是明显偏小的，是不允许的。测量时探棒处洒水，甚至盐水，测量结果也是明显偏小的，也是不允许的。

《配四》中的要求如下：

季节系数：计算接地电阻时，还应考虑大地受干燥、冻结等季节变化的影响，从而使接地电阻在各季节均能保证达到所要求的值。

但计算雷电防护接地装置的冲击接地电阻时，可只考虑在雷季中大地处于干燥状态时的影响。

1）非雷电保护接地实测的接地电阻值或土壤电阻率，要乘以表61中的季节系数 φ_1 或 φ_2 或 φ_3 进行修正。

表61　季节系数

土壤类别	深度/m	φ_1	φ_2	φ_3
黏土	0.5~0.8	3	2	1.5
	0.8~3	2	15	1.4
陶土	0~2	2.4	1.4	1.2
砂砾盖于陶土	0~2	1.8	1.2	1.1
园地	0~3	—	1.3	1.2
黄沙	0~2	2.4	1.6	1.2
杂以黄沙的砂砾	0~2	1.5	1.3	1.2
泥炭	0~2	1.4	1.1	1.0
石灰石	0~2	2.5	1.5	1.2

注：φ_1——用于测量前数天下过较长时间的雨、土壤很潮湿时。

φ_2——用于测量时土壤较潮湿，具有中等含水量时。

φ_3——用于测量时土壤干燥或测量前降雨量不大时。

2）计算雷电保护接地装置所采用的土壤电阻率，应取雷季中最大值，并按下式计算：

$$\rho=\rho_0\varphi \tag{38}$$

式中　ρ——土壤电阻率（Ω·m）；

ρ_0——雷季中无雨水时所测得的土壤电阻率（Ω·m）；

φ——考虑土壤干燥时的季节系数，见表62。

表62　土壤干燥时的季节系数

埋深/m	φ值	
	水平接地极	2~3 m的垂直接地极
0.5	1.4~1.8	1.2~1.4
0.8~1.0	1.25~1.45	1.15~1.3
2.5~3.0	1.0~1.1	1.0~1.1

注：测定土壤电阻率时，如土壤比较干燥，则应采用表中的较小值；如比较潮湿，则应采用较大值。

56. 干线供电距离为 700 m，功率为 1000～1500 kW，甲方想走低压怎么办？

供电距离非常不合理，甲方想省钱，能用就行。按规范的话，不省钱，保护难做，除非 100 A 开关 240 mm^2 线，700 m 远，只带 50 kW 负荷，才有可能起到保护作用（注意 RCD 只能保护对地故障，不能保护相间和相“零”短路），但造价上去了，电压降、选择性和灵敏度需要考虑。

瞬时或短延时倍数不能太低，一般不能低于 3～5 倍，否则容易误动作，有起动电流问题，再低电压降也难满足了。

干线电压降也是有要求的，距离太远电压降也无法满足要求，即使通过智能开关解决一定灵敏度问题，电压降也难以满足。

智能断路器能满足选择性和灵敏度，那消防呢？例如某项目的消防泵房，喷淋泵为132 kW，消火栓泵为 37 kW，星-三角起动。700 m 选 240 mm^2 的电缆，查《配三》表 9-78 并计算，每千米阻抗为 0.12 Ω，功率因数按 0.9，计算电流按 338 A，计算得到 0.053×338×700/1000＝12.5%，干线电压降达到 12.5%，已经无法满足规范要求。灵敏度及选择性呢？起动电流是全压起动电流的 1/3。按末端 400 A 开关，前端 500 A 开关考虑。

全压起动倍数为 5～7，星-三角起动电流是全压起动电流的 0.33 倍，瞬动过电流脱扣器或过电流继电器瞬动元件的整定电流应取电动机起动电流周期分量最大有效值的 2～2.5 倍，则瞬动倍数为 3.3～4.7，取 5。灵敏度和电压降都难满足。

注意由于阻抗和平时的不同，短路电流的表格和检验电压降的阻抗表格不同，考虑到温度变化的影响。计算电压降按《配三》表 9-78，计算短路电流按《配三》表 4-25。

末端短路电流为多少？查表 4-25（240 mm^2 电缆的电阻值没有，电阻由 120 mm^2 的一半近似代替，电抗按 185 mm^2 的计算）每千米电阻为 0.298 Ω，每千米感抗为 0.179 Ω，计算得出每千米阻抗为 0.347 Ω，700 m 单相故障电流为 634 A。即使按 3 倍考虑（634/3/1.3 A＝163 A），长延时最大只能设置为 160 A。也就是说，每路 240 mm^2 的电缆只能带 100 kW 以下负荷，甚至是 50 kW。当然如果有等截面电缆，也就是 4×240 mm^2 或者 5×240 mm^2，情况会有所改善，但是也比较有限。

非要用低压情况下，带这个消防负荷（其他非消防负荷道理基本一样的），到底多大导线才行？用电缆的话，恐怕要单芯 1000 mm^2 的，用母线也会非常大。现在根据灵敏度反推线路最大阻抗，然后查表。

单相故障电流小于 500×3×1.3 A = 1950 A，不满足灵敏度校验。每米最大阻抗为0.1612 mΩ（220 V/1950 A/700 m = 0.1612 mΩ），查《配三》表 4-24 可知，最小母线大得惊人，随着母线截面增大，电阻按比例减小，但电抗变化很小，距离太远，非常不合理。

这种问题，不是不能做，但需要注意很多问题，瞬动或短延时倍数太小，容易在电动机起动时误动作，电能质量也不那么完美，实际波形并非正弦波，有时候有大量“毛刺”。需要慎重，常规较为可靠的方式，基本是相当于导线降容使用，例如 200~250 m，240 mm^2 的线按 150~200 kW 考虑的话，400~500 m 基本要减半，700 m 大约只能 50 kW 了。那么，1000~1500 kW，将需 20~30 根 240 mm^2 电缆，每根 700 m，造价极高，极不合理。

57. TN-C 系统中 RCD 如何使用？

TN-C 系统中不允许使用 RCD，如果必须使用，应局部改为 TT 或者 TN-S。

农村也常见另外一种做法（不允许的接法），即没有 PE（即 TN-C 系统使用 RCD，图 25 仅为示意图）！

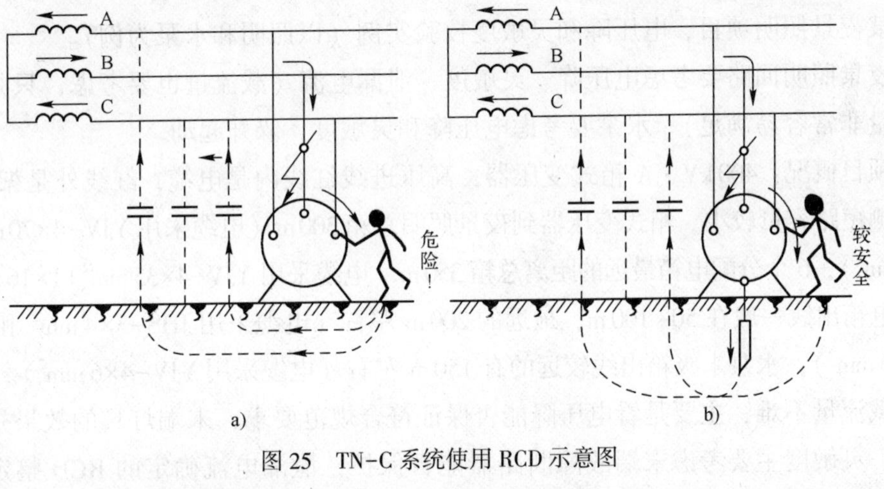

图 25　TN-C 系统使用 RCD 示意图

有接地，故障电流绝大部分走接地（接地电阻为几十欧姆，人体约为 1000~2000 Ω，并联关系），肯定是安全的，没有疑问。但是当没有接地时，RCD 是否还有用？220 V 对于 1000~2000 Ω 电阻来讲，100~200 mA 的电流一般足够 30 mA 的 RCD 动作。所以即使是这种规范不允许的做法，也基本能满足安全要求（图 26）。

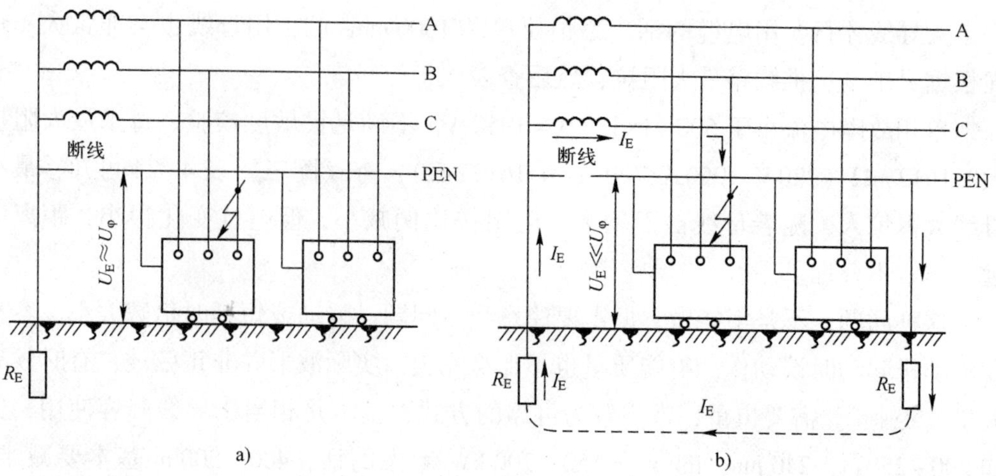

图 26 TNC 系统中接地和剩余电流保护

但是用电设备有接地的话，出现接地故障，RCD 动作了，灵敏性极好，不会电到人，除非人长期和用电设备接触，故障时能电到，但能保证安全。

所以接地和剩余电流保护还是非常重要的。另外即使没有接地，剩余电流保护还是有用的，基本能保证安全。当然有条件还是要按规范要求去做，更加合理、安全。

58. 夜景照明的配电应注意哪些问题？

某夜景照明项目，电压降和灵敏度校验实例（以照明和水泵为例）。

夜景照明回路要考虑电压降、灵敏度、泄漏电流（载流量也要考虑，只是一般载流量非常容易满足）。水泵要考虑电压降和灵敏度，躲开起动。

项目概况：400 kV · A 箱式变压器，高压进线红线内是电缆，红线外是架空线，高压侧短路容量较小。箱式变压器到夜景照明总箱 300 m（电缆采用 YJV-4×70 mm^2+1×35 mm^2），6 个分配电箱最远的距离总箱 350 m（电缆采用 YJV-4×35 mm^2+1×16 mm^2），分配电箱出线一般在 50~100 m，最远的 200 m 左右（电缆采用 JHS-3×4 mm^2 和 JHS-3×2.5 mm^2），水泵末级箱出线较远的有 150 m 左右（电缆采用 YJV-4×6 mm^2）。

载流量不难，主要是看电压降能否保证符合规范要求，末端灯具的效果是否有影响，灵敏度主要考虑末端故障断路器能否保护，泄漏电流确定的 RCD 整定值既要保证故障情况下人身安全，又要保证平时正常情况下不误动作。

查《配三》表 4-25 得知 YJV-4×6 mm^2 单位阻抗为 8.6 Ω/km（实际 8.6 Ω/km 是电阻，电抗为 0.1 Ω/km，可忽略电抗。一般低压小截面阻抗计算时可以忽略电抗），150 m 阻抗为 1.29 Ω。忽略系统和干线阻抗，末端单相短路电流为 171A（220/1.29 A=

171 A)，瞬动电流最大只能为 132 A（171/1.3 A = 132 A，可靠系数为 1.3），长延时最大电流为 6 A（C 型瞬动倍数为 5～10，D 型为 10～20，此处按 D 型最不利的 20 倍考虑，如果按 C 型最不利的 10 倍考虑，那么长延时是 2 倍关系，即 12 A）。实际中如果长延时电流大于 6 A，那么说明电缆“小”了，不满足灵敏度要求。

换个角度来思考，7.5 kW 负荷，额定电流为 15 A，选择 D25 开关，电缆采用 YJV-4×6 mm^2，那么供电距离是多大？可以利用前面计算结果简化计算得到 36 m（6×150/25 m = 36 m），供电距离非常有限。可见，D 型微型断路器的灵敏度校验对供电距离限制极大，稍远即需要放大导线截面。

对于照明回路，C16 微型断路器配的 2.5 mm^2 的电缆，查《配三》表 4-25 得知 2.5 mm^2 的电缆单位阻抗为 20 Ω/km，100 m 阻抗为 2 Ω，长延时最大电流只能为 6A（220/2/1.3/10 A = 8.5 A>6 A）。C16 微型断路器配 2.5 mm^2 的电缆（忽略干线和系统阻抗），供电半径为 53 m（220/16/10/1.3/0.02 m = 53 m），在忽略干线和系统阻抗情况下仅为 53m，这也是《建筑电气专业技术措施》中要求末级配电箱供电半径宜 30～50 m 的原因。注意 RCD 只能保护对地故障，无法保护 L-N 短路。另外线路过长会导致泄漏电流较大，30 mA 的 RCD 容易误动作。线路越长，导线截面越大，泄漏电流越大。C16 微型断路器配的 2.5 mm^2 的电缆供电距离仅为 50 m，当供电距离为 200 m 时，为满足电压降和灵敏度至少用 10 mm^2 电缆，当距离 200～300 m 时至少用 16 mm^2 的电缆，但是此时泄漏电流已经超出 15 mA，30 mA 的 RCD 已经不满足要求了，保护整定出现问题，所以供电距离需要控制。

关于电压降，需要注意一个问题。例如《配三》表 9-78 和表 9-79 中电阻是基于导体温度 80℃和 60℃的情况，我们知道温度越高电阻越大，尤其是夜景照明往往线路较长，一般是按电压降来选择导线截面，因为按载流量计算选择往往电压降无法满足。举例来说，50 m 可能 16A 开关配 2.5 mm^2 的线，但是 200 m 可能 16A 开关配 10 mm^2 的线，看似合理。其实暂不考虑灵敏度，只是考虑电压降的话，可以定性分析。电流和敷设条件等都不变，截面变大，导体温度肯定降低，这样电压降会与表格中按最不利条件计算的有较大差异。按最不利校验固然是偏安全，但是有时候造价差异也是较大的。应正确理解规范和手册的意图，尤其应注意，规范具有法律效力，手册和图集仅供参考。《配三》表格是按线路接近满载的最不利情况考虑的，如果线路实际电流明显低于线路最大载流量，或散热条件较好的情况，实际电阻有差异，电压降也会有明显差异。（当然，再考虑实际情况，截面可能略小于标称值，材质也可能不完全满足要求，所以实际电压降有可能与此抵消，与查表中电压降接近，但电缆是标准电缆的情况下，会存在较大差异）

59. 室外路灯通常接地电阻应为多少？

接地电阻与电击防护息息相关。

TN 系统中配电线路的间接接触防护电器的动作特征，应符合下式的要求：

$$Z_s I_a \leqslant U_0 \tag{39}$$

式中 Z_s——接地故障回路的阻抗（Ω）；

U_0——相导体对地标称电压（V）。

TN 系统的接地故障回路的阻抗包括电源、电源到故障点之间的带电导体以及故障点到电源之间的保护导体的阻抗在内的阻抗，通常是指变压器阻抗和自变压器至接地故障处相导体和保护导体或保护接地中性导体的阻抗。因 TN 系统故障电流大，故障点一般被熔焊，故障点阻抗可忽略不计。

I_a 是保证保护电器在规定时间内切断故障回路的动作电流，其值必须保护电器在规定时间内动作，且应考虑保证电器动作的灵敏度与可靠性。

TT 系统配电线路间接接触防护电器的动作特性，应符合下式的要求：

$$R_A I_a \leqslant 50\,\text{V} \tag{40}$$

式中 R_A——外露可导电部分的接地电阻和保护导体电阻之和（Ω）。

TT 系统中，间接接触防护的保护电器切断故障回路的动作电流：当采用熔断器时，应为保证熔断器在 5 s 内切断故障回路的电流；当采用断路器时，应为保证断路器瞬间切断故障回路的电流；当采用剩余电流保护器时，应为额定剩余动作电流。

TT 系统的故障回路阻抗包括变压器相线和接地故障点阻抗以及外露导电体接地电阻和变压器中性点接地电阻。故障回路阻抗大，故障电流小，且按照 IEC 技术文件的解释，其故障阻抗包括难以估计的接触电阻。因此，TT 系统的故障回路阻抗和故障电流是难以估算的，它不能用 TN 系统的公式来验算保护的有效性。TT 系统保护动作的条件是当外露导体对地电压达到或超过 50 V 时保护电器应动作，这时的故障电流应大于保护电器的动作电流，即：

$$R_A I_a \leqslant 50\,\text{V}$$

在切断接地故障前，TT 系统外露导电部分呈现的电压往往超过 50 V，因此仍需按规定时间切断故障。当采用反时限特性过电流保护电器时，应在不超过 5 s 的时间内切断故障，但对于手握式和移动式设备应按接触电压来确定切断故障回路的时间，这实际上是难以做到的。所以 TT 系统通常采用剩余电流动作保护器（RCD）

作保护。

50 V 是干燥环境的安全电压，当为潮湿环境时，应按 25 V。

采用剩余电流保护器作为故障保护时，应满足下列条件：

1）切断电源的时间符合规范的要求。

2）
$$R_A I_{\Delta n} \leqslant 50\ \text{V} \tag{41}$$

式中 R_A——外露可导电部分的接地极和保护导体的电阻之和（Ω）；

$I_{\Delta n}$—RCD 的额定剩余动作电流（A）。

注 1：如果故障点阻抗并非可忽略不计，但可实现故障保护。

注 2：如 RCD 之间需具有保护动作的选择性，详见 GB/T 16895. 4—1997 中 535. 3 条。

注 3：如果 R_A 未知，可用 Z_S 代替。

注 4：满足规范规定的切断电源时间要求的预期剩余故障电流，显著大于 RCD 的额定剩余动作电流 $I_{\Delta n}$（通常为 $5I_{\Delta n}$）。

按实际经验 100 mA 是合适的整定值，既满足安全要求，又很少误动作。此时接地电阻应为多少？25/0. 1 Ω = 250 Ω？并非如此，有条件时应充分考虑 $5I_{\Delta n}$。设计可要求接地电阻不大于 50 Ω。华北地区土壤电阻率约为 100 Ω · m，单根标准人工垂直接地极的接地电阻约为 $R = 100 \times 0.3\ \Omega = 30\ \Omega$，不难满足设计要求。若线路较长，泄漏电流较大，需放大 RCD 整定电流，相应接地电阻按公式计算，单根接地极若不满足，可采用多根。

均匀土壤中人工接地极工频接地电阻的简易计算，可相应采用下列公式：

垂直式：

$$R \approx 0.3\rho \tag{42}$$

单根水平式：

$$R \approx 0.03\rho \tag{43}$$

复合式（接地网）：

$$R \approx 0.5\frac{\rho}{\sqrt{S}} = 0.28\frac{\rho}{\tau}$$

或

$$R \approx \frac{\sqrt{\pi}}{4} \times \frac{\rho}{\sqrt{S}} + \frac{\rho}{L} = \frac{\rho}{4r} + \frac{\rho}{L} \tag{44}$$

式中 S——大于 100 m² 的闭合接地网的面积；

R——与接地网面积 S 等值的圆的半径，即等效半径（m）。

60. 溶洞旅游场所如何配电？

某旅游项目为溶洞结构，环境潮湿，对于电气来讲属于恶劣环境，供电距离几百米，照明应如何保证安全可靠？

由于供电距离几百米，使用安全电压无法满足电压降，只能由 220 V/380 V 电压等级供电，安全措施非常难做。采用 IT 系统是个不错的选择。

接地方式、等电位等都很难解决，最好是双重绝缘，在绝缘上面做文章，无非是降低绝缘破损的概率，如果再延伸一下，可以考虑光纤照明，即采用光电分离的思想实现配电。

注意光纤照明的实际产品，供电距离问题。结合实际产品控制供电距离。距离较远可能光衰较大。

结论：由于故障往往容易出现在接头和末端，因此前面干线可以采用 IT 或电缆架空（采用绝缘吊架或支架）到配电箱，设置绝缘监测或 RCD，配电箱出线距离较近，采用安全电压或光纤照明。

61. 室外等电位在实际设计和临时用电中如何应用？

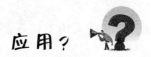

室外往往由于难以做等电位同时可能是潮湿环境而使得室外的电击危险性极大。但很多建筑，建筑群往往是大底盘，是有条件做室外等电位的。如最常见的住宅，整个大底盘是车库，有钢筋网。车库上面覆土一般 1~2 m，如能多预留一些等电位联结点，造价并不明显增加，但对于电击防护有极大好处。无论施工过程还是完工之后的庭院灯的安全防护都能提供等电位条件。关于庭院灯和路灯这种常见的室外配电设计，采用 TT 还是 TN 系统一直争议不断，TT 的弊端是需要采用 RCD，限制了供电距离，容易误动作，TN 的硬伤是 PE 可能有故障电压蔓延。其实最有效的做法是等电位，总等电位加局部等电位，只要能满足局部等电位就能保证安全。这里所说做法就是等电位的应用做法，造价极低，易于执行。（遗憾的是，室外等电位国标规范尚未明确，仅在 15D502 规范图集中有电动伸缩门的室外等电位做法）

室外等电位的应用不止是住宅，其他类型的建筑也类似，甚至可以延伸到路桥。

在某实际工程中有这样一种配电箱的施工做法要求，除正常的 PE 或 PEN 线引入 PE 排之外，一律要求配电箱外壳与接地网用 $40\times4\,mm^2$ 热镀锌扁钢焊接。这样有重复接地的作用，兼有总等电位和局部等电位的作用，大大提高了接地的可靠性、安全性，对安全防护也极为有利。同时施工做钢筋网的同时必然在打混凝土之前在配电箱位置把热镀锌扁钢焊接预留出来，这样施工用电就有了接地点，同时也有等电位效果，大大提高了用电安全。

某项目施工现场办公区和宿舍区彩板房的金属大门带电，附近没有用电设备，不清楚具体故障来源。首选解决方案是接地和等电位。

项目部的大门是双开的，有段时间出现这样的情况，关门的时候，单独关一扇门不电人，同时接触两扇门，有电人问题。首先用接地方法，但是仍然没有解决实际问题。

因此，接地并不是万能的！

打接地极非常难，耗费人力物力，而且即使做了接地，也很难解决问题。接地是为了和大地等电位，但各种情况下大地电阻率有较大差异。项目部所在地面是级配砂石（即通俗的碎石头），土壤电阻率较大，两个门都做接地也无法解决这个问题，接地只能在门轴处做，距离约 5m（开一扇门，项目部配备的越野车宽度约 2m，可以通过），这个距离使得两个接地相当于独立接地，电位差还是无法有效消除，还是需要金属连接。这是一个典型的等电位问题，不必接地。

所以解决方案是用一根 $2.5\,mm^2$ 的线在门上方把两个门做可靠电气连接，不破坏地面，不影响通车，几分钟的时间问题得到解决。这就是等电位的学以致用，通过理论知识解决实际问题的案例。

62. 实际项目中一期变电站带二期负荷需要注意哪些问题？

某项目专用变压器在一期设置，由于某种原因，未明确考虑二期，同时二期有变化，专用变压器不是建筑设计院出图，所以有不少对应不上。正常来说这个要设计方来解决，但甲方觉得这事情很简单，甲方直接按已完成的低压柜出线勉强和大二期的各个用电点连接。供电距离、开关导线配合等存在一定问题，留下很多隐患。甲方和施工方很少懂设计中的诸如灵敏度、热稳定等概念，短路发生时，认为烧线只是质量问题。

所以，这种变化必须经过设计院出图或审核才能实施。

63. 实际招标时出现风机功率比图样小一级的情况下，电气专业是否需要修改图样？

某项目风机设计功率在招标确定产品过程中，有些风机功率调小了一级，因为产品不同，满足暖通参数的电功率出现这种变化在暖通专业极为正常。但甲方招标时遇到这种情况，往往直接电气控制箱不变，以为功率小了肯定没事，功率变大才有可能有事。其实只要有变化都应该核实，功率小了之后，过负荷保护会存在问题。

一方面，出变更可能比较麻烦，变更太多对甲方设计部和设计院可能都不太好。另外一方面，甲方的工程师不一定懂这些，觉得没事，自然也不会去征询设计院的意见。

另外有一个其他方向的风机配电的实例，电气设计严格按照 2.2 kW 设计的，现场出现问题，烧坏控制箱内元器件，查了很久没找到原因，现场人员提出拆风机，结果发现外面标的功率没问题，但里面实际是 3 kW 的风机。不知道什么原因导致这种功率错误的情况，但当出现故障或事故的时候，应该能分析原因，是否存在设计问题。

64. 图集中电动伸缩门的两圈扁钢作用是什么？

电动门为什么在图集中做两圈扁钢？图集中称为电位均衡线，是室外局部等电位，与之前的普通接地相比，其安全性大大提高。

低压不考虑跨步电压，这种做法是为降低接触电压。有人认为是考虑跨步电压，其实低压的跨步电压极小，完全可以忽略。双脚即左脚到右脚按电流对人体效应规范（表 63），心脏电流系数为 0.04，结合人体内部阻抗分布。双脚即使直接踩到 220 V 电压上也是安全范畴，因为效果相当于单手到单脚 220×0.04 V= 8.8 V 的接触电压产生的危害，也就是说，单手到单脚之间 8.8 V 是安全电压。而且一般的相对地故障，大地分布的电压明显小于 220 V，所以更不会有跨步电压的危害。

表 63　不同电流路径的心脏电流系数 F

电流路径	心脏电流系数
左手到右脚，右脚或双脚	1.0
双手到双脚	1.0
左手到百手	0.4
右手到左手、右脚或双脚	0.8
背脊到右手	0.3
背脊到左手	0.7
胸膛到右手	1.3
胸膛到左手	1.5
臂部到左手、右手或到双手	0.7
左脚到右脚	0.04

按人体内阻简化图，单手到单脚阻抗和双脚之间阻抗大致相等，如图 27 所示。

按产生心室纤维性颤动的相同的可能性来说，左脚到右脚之间 220 V 和单手到单脚 8.8 V 产生的危害大致相同。

例如，从手到手的 225 mA 的电流与从左手到双脚的 90 mA 的电流，具有产生心室纤维性颤动的相同的可能性。

另外，实际中往往是 220 V 电压加在故障点到变压器中性点，两脚之间电压只是一小部分，如图 28 所示。

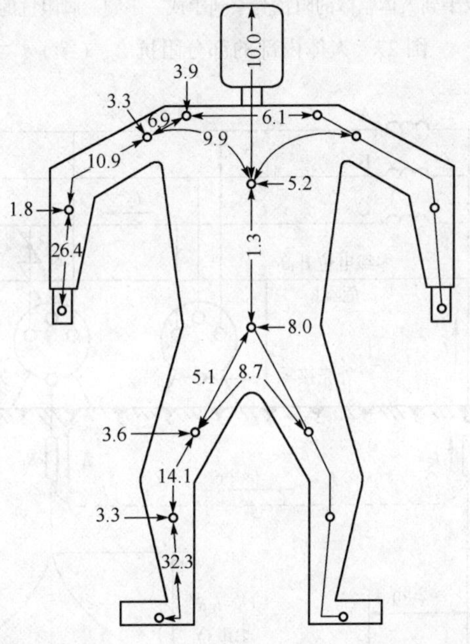

数字表示相对于路径为一手到一脚的相关的人体部分内阻抗的百分数

a)

图 27　人体内部的部分阻抗 Z_{ip}

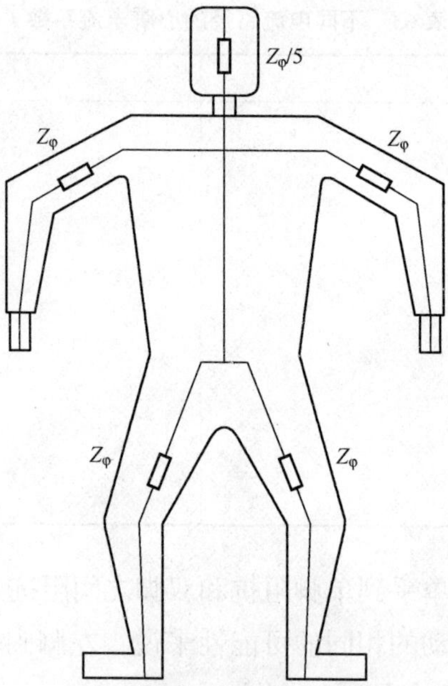

Z_{ip}——一个肢体（手臂或腿）部分的内阻抗

b）

注：1. 为了计算关于所给出的电流路径的人体总阻抗 Z_r，对电流流通的人体所有部分的部分内阻抗 Z_{ip} 以及接触表面积的皮肤阻抗都必须相加。人体外面的数字表示，当电流进入那点时，才要加到总数中的部分内阻抗。

2. 从一手到双脚的内阻抗大约是 75%，从双手到双脚为 50%，而从双手到人体躯体的阻抗为手到手或一手到一脚阻抗的 25%。

图 27　人体内部的部分阻抗 Z_{ip}（续）

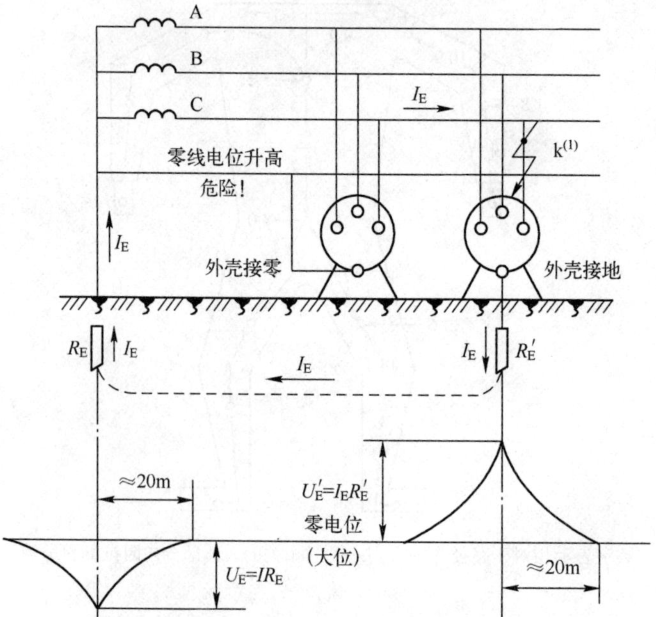

图 28　供电系统发生故障

65. 商业改造项目需要注意哪些问题？

某 1000 m^2 售楼处属于改造项目，在某高层裙房底商，原有几个小配电箱，是按普通商业预留的，空调是按中央空调考虑的。后面改造按这 1000 m^2 单独做多联机，由于造价问题选择的国产低端产品（售楼处临时性强，而且是中间改的，设计的时候大约使用 1 年，所以尽量降低造价），当冬天温度较低，空调制热效果差，需要大量电辅热，这个功率不能忽视。关于空调的电功率，不能单纯地按面积去考虑，还需要考虑层高等影响。如这个售楼处一层 5.4 m，二层 4.5 m，两层加起来 9.9 m，比普通住宅 3 层还高，接近 4 层（普通住宅层高大多是 2.8 m，三层 8.4 m，四层 11.2 m）。另外产品不同，效率不同，同样的制冷量或制热量，低端的假如需要 100 kW，高端的可能只需要 60~70 kW，甚至更少，而且低端的当室外温度在零下 2~5℃时，明显制热效果极差，需要大量电辅热，高端的一般在零下 10~15℃时，仍然能有效制热，需要极少电辅热或不需要。整体用电量指标差异较大，几乎能差到 2 倍以上，不可忽视。

需要准确把握原有配电箱的容量是否够用，如果不够，需要增加容量，要穿越已经装修好的正在营业的多家商铺，直接施工的人工和材料费用不多，也就 1~2 万，但影响商铺营业和拆装人家吊顶等总费用大约 20 万。

该项目空调是在裙房屋顶，单独走线。那么空调以外的负荷到底需要多大？

1000 m^2 售楼处范围内有之前的三个配电箱，ALS4、1ASL5 和 2ALSYBG。空调室外机配电箱是精装设计的空调配电。1AL1 为前面两个箱子的上级配电箱，系统图如图 29、图 30 所示。

三个箱子分别标注 8 kW、18 kW 和 20 kW，共计 46 kW。注意不能简单地看这个标注，从上级配电箱 1AL1 看 ALS4，1ASL5 配的都是 C25/3P 的开关和 WDZ-YJY-$5\times6\ mm^2$ 电缆，虽然标注的一个是 8 kW，一个是 18 kW，但实际能带的负荷是一样的，如有必要开关还可以换大一级的，因为开关好换，电缆不好换，所以按电缆最大载流量来考虑最大负荷。2ALSYBG 的进线是 WDZ-YJY-$5\times10\ mm^2$，实际最大负荷要看导线，开关不合适可以换，但一般是开关导线配合的。三个箱子实际大约能带 50 kW 负荷，对于 1000 m^2 来说，平均每平方米 50 W，不包含空调，指标还可以。经过 2 年的实际使用，检验了理论推理研究，是切实可行的。

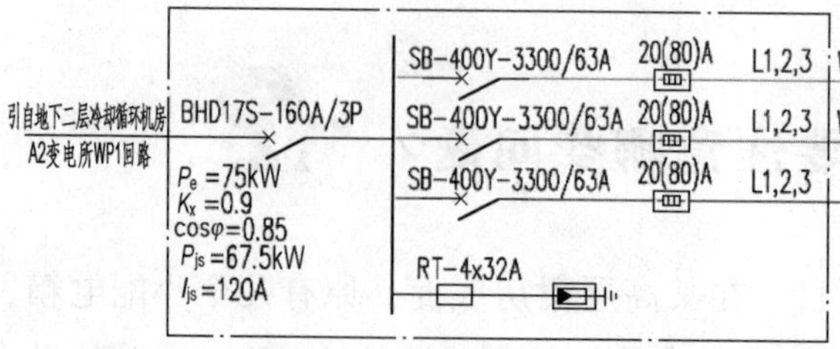

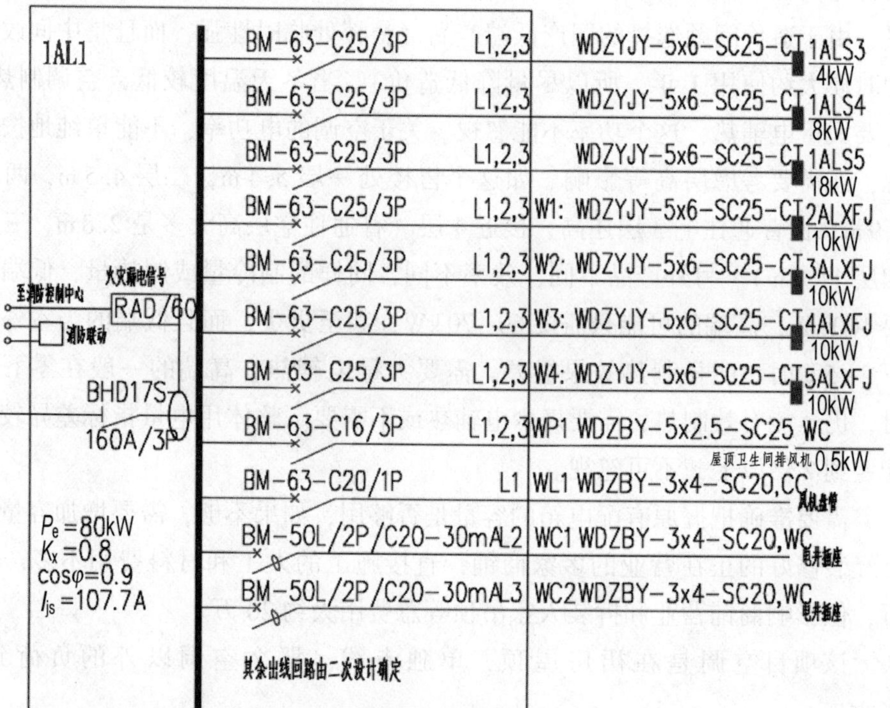

图 29　某售楼处配电箱接线示意图

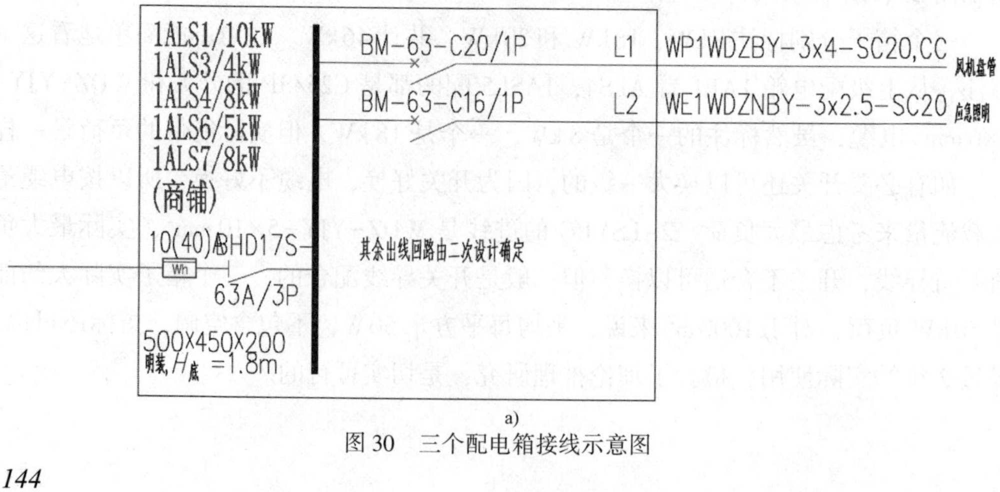

a)

图 30　三个配电箱接线示意图

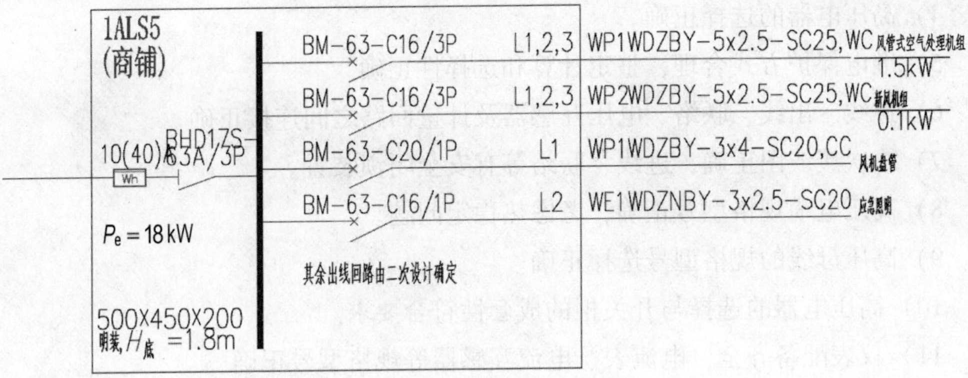

b)

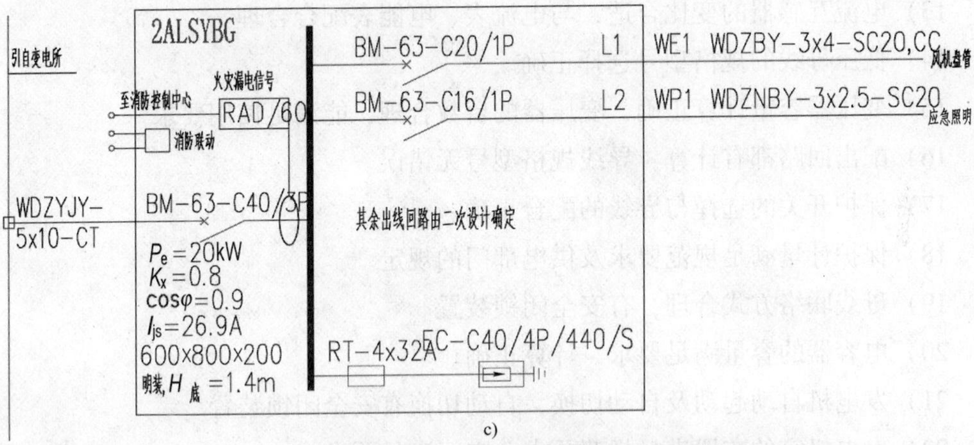

c)

图 30　三个配电箱接线示意图（续）

另有一个新建项目，电气设计按暖通的提资配电，但暖通是按很先进的、节能效果很好的产品来设计的，实际甲方考虑造价采用普通型，最后配电容量根本不够，后面又变更，重新敷设了一根电缆。这也是设计中应该注意的，如无必要，尽量不要采用过于先进和节能产品，可能导致实际产品种种原因跟不上。

66. 建筑电气设计强电专业审图要点有哪些？

1. 供电系统

1）负荷等级确定合适，电源数量，供电电压合理。

2）高压一次接线图合理，已征得电力公司同意。

3）变配电室、发电机房及强电竖井的布置合理，靠近负荷中心，面积紧凑，满足使用要求。

4）高压电器的选择正确。

5）继电保护方式合理，整定计算和选择性正确。

6）进线、出线、联络、电压互感器及计量回路之间连接正确。

7）二次接线图正确，进线、联络等有安全闭锁装置。

8）高压电缆规格型号正确，考虑热稳定问题。

9）高压母线的规格型号选择正确。

10）高压电器的选择与开关柜的成套性符合要求。

11）仪表配备齐全，电流表、电流互感器等规格型号正确。

12）主开关及配出回路开关断流能力满足要求。

13）电流互感器的变比合适，与电流表、电能表配合合理。

14）低压母线的规格型号选择正确。

15）变压器容量计算正确，变压器的台数合理，能满足使用要求。

16）配出回路都有计算，导线规格型号无错误。

17）保护开关的选择与导线的配合正确。

18）保护计量满足规范要求及供电部门的规定。

19）母线联络方式合理，有安全闭锁装置。

20）电容器的容量满足要求，计算正确。

21）发电机自动起动及自动切换，自动切换有安全闭锁装置。

22）发电机室的布置满足规范要求，空间满足要求。

23）发电机室有通风排烟设备，日用油箱的安装满足要求。

24）发电机室有气体灭火设施，满足规范要求。

25）设备布置间距符合规范要求，具体尺寸无误。

26）安装高度满足规范要求。

27）变压器、开关柜等设备的安装做法合理，便于安装和维修。

28）地沟做法满足规范要求，与高、低压柜的尺寸相符合。

29）变电所进出线路安排合理，标高标注清楚。

30）变电所有通风换气或空调设备，满足要求。

31）低压母线进入开关柜无问题。

32）变配电室面积、高度及设备运输满足供电公司要求。

2. 照明和插座

1）电源方向、位置合理，图中已注明标高。

2）电源引入或总盘处重复接地。

3）分户电表容量符合定位要求。

4）配电箱的位置合适，明装暗装得当，注明每支路灯头数量满足规范要求。

5）支路长度合适，电压降满足规范要求，有计算。

6）导线根数无误，导线根数与配管管径配合合理。

7）管线的敷设方式合理，明配线及暗配线与结构形式相符。

8）灯具的规格型号、安装方式、安装高度及数量标注清楚，满足节能规范要求。

9）照度标准确定合理，有计算，照明开关的位置得当，走廊、楼梯、控制线根数无误。

10）灯的控制方式合理。

11）插座、开关、箱、盒等电器安装位置与消火栓、散热器、空调及门、窗柱等进行专业间校对，灯具布置与广播喇叭、报警探头、水喷洒头、送回风吸风管等进行专业间校对。

12）垂直管线的箭头无误，垂直暗管穿梁可行。

13）上下层的墙体对准。

14）疏散灯的位置距离以及安装高度合适，走廊及疏散口按规范要求装设疏散指示标志灯。

15）是否考虑设置航空障碍灯。

16）配电箱分支回路的开关（熔断器）路别、相序标注清楚。

17）大截面电缆（导线）与主开关接线如何解决。

18）各级开关保护的选择性满足要求。

19）配电箱的型号、编号、代号、容量标注清楚。

20）由配电箱至配电箱各段电缆或导线规格、管径注明。

21）所有电器设备的规格型号齐全，配电箱保护等级注明，无淘汰产品。

22）根据定位要求，插座设置充分考虑各功能需求。

23）对照任务书要求核对插座位置及数量。

24）与建筑、精装、景观等其他专业配合合理。

25）注意楼体照明、楼体 LOGO 系统的电源预留，对精装、景观等照明设施的电源提供。

3. 动力系统

1）电源引入方向、位置合适，图中注明标高。

2）电源引入处或总盘处重复接地。

3）配电系统考虑了生产工艺需求。

4）配电箱的位置合适，便于维修和操作。

5）用电设备的编号、容量及安装高度等均已注明。

6）配电箱的型号、容量、编号、代号及安装高度等均已注明。

7）电源隔离电器满足要求。

8）控制线路已有表示，管线规格无丢漏现象。

9）线路通过梁板外墙等做法交代清楚，得当。

10）暗埋管线与结构形式、楼板、垫层厚度、墙体材料及厚度无矛盾。

11）垂直暗管穿梁可行。

12）电力系统的保护正确，与导线规格配合合理。

13）每支路、每一段线（即由配电箱至配电箱）其导线规格及管径均已标注清楚。

14）配电箱支路的开关、熔断器等规格容量均已标注清楚。

15）回路编号、管线规格已注明。

16）导线与管线配合正确。

17）与系统相应的控制原理图满足工艺要求或使用要求，操作方便，自动控制正确。

18）控制电源、控制元件、控制仪表合理可靠，接点数量及容量满足要求。

19）有控制工艺流程或图或控制说明。

20）设备选型正确，无淘汰产品。设备表、系统图、原理图、平面图等电器设备统一。

21）潮湿场所、移动设备用电考虑剩余电流开关。

22）设备的起动方式合理，电缆及元器件的选择与起动方式相匹配。

23）与建筑、精装、景观、设备等其他专业配合合理。

24）注意对精装、景观等动力设备的电源提供。

25）配合暖通专业设置风阀电源及自动控制。

26）潜水泵逐台起动的电源条件满足。

27）配电柜、箱保护等级注明，满足场所要求。

4. 防雷接地

1）防雷等级划分正确，图样有说明。

2）各种接地电阻要求有说明。

3）高出屋面的金属部分，如通风帽、旗杆、天线杆、灯杆水箱、冷却塔与防雷装置做了可靠电气连接。

4）与节日彩灯并行时，避雷装置的高度高于节日彩灯。

5）引下线的根数和距离满足规范要求。

6）明装引下线根部做了穿管保护。

7）明装或暗装引下线做了断接卡子，位置数量合理。

8）防侧向雷击做了笼式避雷网措施。

9）配电系统采用的接地方式形式，做了总等电位接地。

10）程控电话、程控电梯、计算机房、消防中心、控制中心、音响中心等联合接地系统，接地电阻满足要求。

11）在同一电气系统中 N 线和 PE 线无混杂现象。

12）大门口设有均压或绝缘措施。

13）剩余电流开关后按 TN-S 系统设计。

14）特殊场所（如潮湿场、浴室等）采取了局部等电位等安全措施。

67. 建筑电气设计弱电专业审图要点有哪些？

1. 弱电系统

1）审核施工图和设计任务书要求相一致。

2）审核施工图中各系统构成满足功能定位要求，合理、完整。

3）审核施工图中各系统构成满足造价要求。

4）审核施工图满足现行国家规范要求。

5）设计采用的设计标准、规范正确、有效。

6）预留、预埋位置能满足安装实际需要。

7）设计合理、无遗漏。图样中的标注无错误。设备材料名称、规格型号、数量等正确完整。

8）管槽的布置、敷设满足规范要求。

9）竖井和控制室、机房的内部布置合理，进出管槽无矛盾；位置合理，面积紧凑且满足使用需要。

10）预留了外线进出建筑物的位置，所留位置合适。

11）平面布置图与系统图对应。

12）各系统的设置能满足二次装修的扩展要求。

13）各系统的设置能满足客户的多样性要求。

14）关键系统的设置能满足未来发展的需要。

15）完整性满足招标文件和招标图样的要求。

2. 火灾自动报警系统

1）系统图合理，已征得消防局同意。

2）消防控制点设置合理。

3）应设置紧急广播设备，设备满足要求。

4）火警通信设施完整。

5）探测器选择种类和安装位置正确。

6）手动报警按钮安装满足规范要求。

7）火灾报警器安装位置、高度等满足要求。

8）消防中控室位置满足规范要求。

3. 楼宇控制、保安系统、智能家居系统

1）预留通道管路能满足施工要求。

2）楼控系统与其他各专业的控制接口条件具备。

3）门禁系统、停车管理系统、红外探测、保安监控系统、智能家居系统设置符合市场定位及成本要求。

4）设计标准、系统设计合理。

5）根据任务书确认各设备末端布置。

6）摄像机类型一定要根据不同监测位置，选择不同类型，尽量避免使用云台或快球。

4. 通信、结构化布线、广播系统

1）结构化布线系统标准合适。

2）语言、数据通信系统技术合理。

3）结构化布线、方式、路径合理。

4）信息点布置满足本工程市场定位要求。

5）通信干线引入方向、预留管道数量满足要求。

6）预留机房、竖井面积满足要求。

7）线路选择标准合理；线缆的选型依照设计任务书的要求，兼顾使用功能。符合成本指标要求。

8）广播系统设计标准合理。

9）与专业扩声系统设计分工明确，要求清楚。

10）卫星电视、有线电视方案合理。

5. 园林

1）绘出总平面图，注明构筑物的坐标值及道路中心线坐标值。厅门尺寸是否合理，是否考虑了装修做法。

2）场地四界的施工坐标值合理。

3）配电系统管线的平面布置，注明各管线的定位尺寸或施工坐标值，并反映其与建筑物、构筑物的距离，以及管线之间的相互间距。

4）配电箱与建筑电源的衔接正确。

5）电缆电线型号规格、连接方式、配电箱数量、形式、规格等合理。

6）灯位布置考虑夜间方便人行走，避免干扰首层住户。

7）灯位设置无照明死角。

8）电缆型号满足总电源要求。

6. 精装

1）各空间灯位与家具布置方案匹配。

2）各空间灯开关位置在合理准确的位置。

3）各空间插座与电气匹配，并检查高度统一。

4）强、弱电开关在同一位置时整齐排列。

5）强、弱电插座在同一位置时整齐排列。

6）强、弱电插座须上下排列时垂直排列。

7）厨房强、弱电插座满足要求。

8）卫生间强、弱电插座满足要求。

9）卫生间等电位的位置，须放在洗手盆下柜内。

68. 建筑电气设计优化要点有哪些？

施工图内审总结——负荷计算、开关导线选择、配电箱和变电站。

不少设计人员的习惯做法，指标和系数都取上限，甚至比上限还高。电线、电缆、配电箱、变电站的选择都源自负荷计算，通过负荷计算才能确定其规模容量。负荷计算看似简单，实则需要丰富的设计经验、现场经验和扎实深厚的理论基础。

多数项目，用电指标压低一点，开关选择紧凑一点。电缆载流量压低三分之一到一半很正常，这样电缆造价能降低一半到三分之二。配电箱造价也降低，变配电室容量减小，变压器数量或容量减少，高低压柜数量也减少，变配电室面积减少。节省的面积可以作为他用，最关键的是往往这样优化之后，还足够用。

另外还需要注意供电方案、电压等级、设备用房和干线路径的合理性。

某商业项目优化实例：对造价影响较大的几个主要问题。

（1）开关导线选择和配合

《民用建筑电气设计规范》7.6.1.2 条　配电线路采用的上下级保护电器，其动作应具有选择性，各级之间应能协调配合；对于非重要负荷的保护电器，可采用无选择性切断。

大四合院放射式供电，室外箱变低压柜-电表箱-户内箱，计算电流为51 A，选择开关长延时整定值为63 A。上一级配电箱为电表箱，馈线只有这一个户内箱，其进线开关长延时整定值为100 A，出线为80 A，箱式变压器相应出线开关为125 A，电表箱的进线采用YJV22-4×50-SC65-FC，其实完全可以整定到63A，选择YJV22-4×25 mm^2 足够用，在一定条件下（例如距离较近）甚至是YJV22-4×16 mm^2 和YJV22-4×10 mm^2 都可以。电缆截面积远小于原设计，同时一系列相关开关导线变小，电线、电缆、配电箱、箱式变压器整体造价降低很多。

小结：进线电缆由YJV22-4×50 mm^2 优化到YJV22-4×25 mm^2，甚至是YJV22-4×16 mm^2 和YJV22-4×10 mm^2 都可以。

（2）负荷计算，依据《工业与民用配电设计手册》表1-11

《修建性详细规划》中商业按200 W/m^2 的指标算的，选择的箱式变压器是8个630 kV·A。《工业与民用配电设计手册》中的指标为80~120 W/m^2，大商业按最高值，小商业按最低值，普通沿街商业，按100 W/m^2 已经足够，这样选择4个630 kV·A足够了，同时出线电缆截面积也至少小了一半以上。

小结：箱式变压器由8个630 kV·A的优化到4个630 kV·A。出线电缆截面积约减小2/3。（商业电力建设费为1280元/kV·A，1280×4×630元=3225600元，箱式变压器至少节约造价322万，干线电缆YJV22-4×185 mm^2 约4000 m，节约造价200万左右）

（3）配电箱内断路器选择和系统设计

项目中，单相断路器大量使用2P，很多时候没有必要。除了进线断路器外，所有2P断路器，都可采用1P+N，这个价格会便宜些，而且这样的断路器所占模数小，做出来的配电箱尺寸也小，可以降低造价。插座回路每个回路单独设置剩余电流保护没必要，可以若干个回路一组统一设置剩余电流保护，节省空间和造价。

小结：除了进线断路器外，所有2P断路器优化为1P+N。

内审问题及设计院回复：

1）大四合院、中四合院和独栋别墅接闪器采用4×25 mm^2 热镀锌扁钢，售楼处、双拼和小四合院接闪器采用 $\phi12$ 热镀锌圆钢。一个项目接闪器材料应一致，按规范接闪器优先选用热镀锌圆钢，最小直径为8 mm。

回复：同意修改。

2）进户箱计算电流为34 A，进线整定值为63 A，上级整定值为80 A，可选50 A开关配4×16 mm^2 电缆。

回复：同意修改。

3）设计说明中“本工程所选设备、材料必须具有国家级检测中心的检测合格证书（3C）认证”形式和内容均不完善。

回复：应为本工程所选设备、材料必须具有国家级检测中心的检测合格证书（3C）认证；必须满足与产品相关的国家标准；供电产品、消防产品应具有入网许可证。

4）根据《住宅建筑电气设计规范》8.5.4条要求调整图例中插座安装高度。

回复：同意调整。

5）空调管线无须全部设计到位，预留管路即可，仅在配电箱预留空调开关，不设计电缆，电缆由业主自理。

回复：同意修改。

6）本工程非住宅项目，1AL和2AL进线开关没必要带“具有过、欠电压保护、自复功能”。

回复：同意修改。

7）1AL和2AL电涌保护器可不设置，1AW电涌保护器可为三极。

回复：同意调整。

8）2AL进线可以采用隔离开关。

回复：同意修改。

9）KTAP进线可只保留隔离开关，1AL相应出线可由50A降为40A。

回复：同意修改。

10）除了进线断路器外，所有2P断路器，都可采用1P+N。

回复：同意修改。

11）LEB没有必要从基础再单独引热镀锌扁钢，直接就近可靠连接结构钢筋即可。

回复：同意修改。

某住宅项目（含商业街）优化实例：

（1）开关导线选择和配合

负荷计算表中很多开关导线选择明显比计算电流大一两级，甚至三四级，没必要，能满足规范要求即可。

小结：开关整定值优化到合理值，同时，电缆由WDZ-YJY22-2[$4\times185\,mm^2+1\times95\,mm^2$]优化为WDZ-YJY22-$4\times240\,mm^2+1\times120\,mm^2$，长度约为50 m，630 A插接母线优化为WDZ-YJY-$4\times150\,mm^2+1\times70\,mm^2$，长度约为50 m，800 A插接母线优化为WDZ-YJY-$4\times150\,mm^2+1\times70\,mm^2$，长度约为50m，WDZ-YJY22-3[$4\times240\,mm^2+1$

×120 mm^2]优化为 WDZ-YJY22-2[4×120 mm^2+1×70 mm^2]，长度约为 200 m，WDZ-YJY22-3[4×240 mm^2+1×120 mm^2]优化为 WDZ-YJY22-2[4×150 mm^2+1×70 mm^2]，长度约为 200 m，WDZ-YJY22-2[4×185 mm^2+1×95 mm^2]优化为 WDZ-YJY22-4×240 mm^2+1×120 mm^2，长度约为 200 m。

（2）商铺户箱做法

原设计预留了很多回路，没必要，只保留应急照明、弱电箱电源和空调插座回路，其他回路标明二次装修设计。

小结：优化之后减少约 200 个带剩余电流保护的微型断路器。

（3）变压器选择

经过用电指标优化，重新进行负荷计算，变压器容量减小。同时低压柜开关整定值变小，模数变小，减少低压柜数量。

小结：原设计变压器为 2×1250 kV·A，优化为 2×800 kV·A。低压柜减少 2 台。

（4）电缆路径选择

一些商铺进户线原设计通过室外绕远到商铺，可以直接从配电间直接穿物业用房直线到商铺，拐弯少，路径短且直通。

小结：WDZ-YJY-4×25 mm^2+1×16 mm^2 电缆减少约 50 m。

69. 综合体电能损耗如何分析？

某综合体项目：

现状：某项目占地 16 万 m^2，其中 6 万多 m^2 为商铺，6 万多 m^2 为办公区，车库占 3 万 m^2。四个变电站，每个站两台容量相同的变压器，其中 1250 kV·A 两台，1600 kV·A 四台，2000 kV·A 两台，共计 12900 kV·A。地下一层为车库，地上一到三层为商铺，四层以上是办公。该项目电气设计本身存在一定问题，一些给商铺供电的干线和户内风机支线穿户内，给商户偷电留下了可乘之机。同时由于以前物业管理不善，加上电表均设置在户内，电能流失严重。新接手物业的第一个月用电量统计如下：电力公司高供高计电表显示用电 59 万度，四个变压器低压计量共计 43.5 万度，在末端计量总计不到 30 万度（存在偷电问题）。变配电室电容柜没有启用，功率因数表已坏，只知道损耗较大，但无法知道较为具体数值。因负荷率太低，停了一半变压器，平均负荷率为 435000/30/24/6450×100%=9.37%，负荷率依然非常低，用电主要集中在早八点到晚八点，其他时间负荷非常低，白天负荷率平均约20%（普通照明插座负荷、空调负荷、部分餐饮的厨房负荷），最高负荷率（半小时最大，也就是计算负荷）为30%~40%（高峰一般是午饭和晚饭时间，此时餐饮的厨房负荷多一些，考虑餐饮占比约30%，影响不是很大，变压器停了一半之后，负荷率还是这么低）。入住率虽然没有100%，但是商业部分至少有七八成，办公部分至少有五成，按现在情况推算，即使入住率100%以后，停的那一半变压器不启用，不仅足够使用，而且还是会负荷率偏低。

解决方案：电量流失有两部分，一个是变压器损耗，一个是变压器到末端的损耗。变压器正常会有5%~7%的损耗，变压器负荷率低，功率因数也低，所以损耗会明显大一些，虽然无法知道具体损耗值，但是现在的损耗比例明显高于正常值。电能表虽然还能计量，但准确度可能存在问题，需要对电能表进行校对。负荷率低主要原因是设计上偏保守，实际上入住率也偏低，通过改造，以后入住率会越来越高，这个情况会慢慢得到改善。功率因数低是因为电容柜未启用，这个问题可以通过启用电容柜来解决（电容柜未启用是因为维护不到位而致使损坏，无法使用。）

《配三》中相关计算公式和表64如下：

表64　10kV 交联聚乙烯绝缘电力电缆的电压损失

截面/mm^2		电阻 $\theta_A=80℃$ /Ω/km	感抗/Ω/km	埋地25℃时的允许负荷/MV·A	明敷35℃时的允许负荷/MV·A	电压损失/[%/(MW·km)] cosφ 0.8	0.85	0.9	电压损失/[%/(A·km)] cosφ 0.8	0.85	0.9
铜	16	1.359	0.133			1.459	1.441	1.423	0.020	0.021	0.022
	25	0.870	0.120	2.338	2.165	0.960	0.944	0.928	0.013	0.014	0.015
	35	0.622	0.113	2.771	2.737	0.707	0.692	0.677	0.010	0.010	0.011
	50	0.435	0.107	3.291	3.326	0.515	0.501	0.487	0.007	0.007	0.008
	70	0.310	0.101	3.984	4.070	0.386	0.373	0.359	0.005	0.006	0.006
	95	0.229	0.096	4.763	4.902	0.301	0.289	0.276	0.004	0.004	0.004
	120	0.181	0.095	5.369	5.733	0.252	0.240	0.227	0.004	0.004	0.004
	150	0.145	0.093	6.062	6.564	0.215	0.203	0.190	0.003	0.003	0.003
	185	0.118	0.090	6.842	7.482	0.186	0.174	0.162	0.003	0.003	0.003
	240	0.091	0.087	7.881	8.816	0.156	0.145	0.133	0.02	0.02	0.02

当变压器负荷率不大于85%时，其功率损耗可以概略计算为

$$\Delta P_T=0.01S_c$$

$$\Delta Q_T=0.05S_c \tag{45}$$

有功损耗约为变压器容量的1%，当负荷率为50%的时候，损耗约为总电量的

2%，当负荷率为9%的时候，变压器损耗约为总电量的11%，再加上功率因数低，从中心变电站到各个分站距离较远，两路高压线各约1000 m，线路损耗比较大，可是实际损耗为(59-43.5)/59×100%=26.3%，大得非常惊人！

变压器到末端的损耗主要是商户偷电造成的。根据经验，偷电者往往会就地取材，配电间的电表箱到户箱之间这段电缆是最容易出问题的部分。通过对一地块的总计量、电表箱和户表进行抄表核算，证实这一想法，然后对每个地块都进行计量改造。

电表由分散设置改为集中设置。改造前商户的计量为卡表，设置在户内，不利于监测。集中电表箱设置在配电间墙外，不影响商户插卡买电。原线路是放射式，改造时配电间到商户的线路都不用动，只需要把商户的电表移到集中表箱。方便快捷，造价低。改造完成之后，配电间钥匙由物业可靠人员保管，物业只需要控制好变配电室、配电间和干线即可。

70. 五星级酒店项目车库照明节能损耗如何改善？

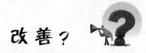

某五星级酒店车库照明，几乎24 h使用。占地54000 m^2，地上4层，地下1层。地下一层的车库约1万m^2，照明按5 W/m^{2}指标，负荷约50 kW。每天全开照明，一天1200度电。商业电费为2元/度，每天车库电费为2400元，一年共876000元。整个公司100个五星级酒店，只车库照明一年要8760万元电费。灯具的造价、寿命和电费不可忽视。正确合理选用照明，与随意选用，差异非常大。仅照明一项每年可差几千万，若考虑整个电气设备运行维护，仅差别可达若干亿造价。

照明原设计为荧光灯，和LED对比，有什么优缺点？这里从灯具的寿命、发光效率等角度考虑。

从灯具寿命上来说，常见普通荧光灯实际寿命一般仅为4000～6000 h，长时间点亮状态下，寿命一般半年到一年。从物业反馈来看，普通荧光灯寿命较短，容易坏，新换的全部为LED灯具，寿命明显比普通荧光灯长很多，一般可以达到3～5年。更换灯具耗费一定人力和物力，同时线的接头需要重新做，基本是动一次增加一次隐患。

同样功率的LED灯具造价已经低于荧光灯，且发光效率LED也明显优于荧光灯，所以从设计开始就应该考虑LED取代传统的荧光灯。另根据GB 50034—2013的节能要求，宜考虑灯具自动调节照度。

综合考虑之下的节能，对于运行维护来讲非常重要！

71. 夜景照明配电电压等级如何确定？

夜景照明配电和灯具都在室外，建筑物和构筑物上的灯具还好安装，埋地的和水下的安全隐患比较大。所以，一般建筑物和构筑物的灯具还可以采用220 V，但埋地和水下的要采用安全电压，尤其是水下更需要注意。

GB 50034-2013 的 7.1.2 条　安装在水下的灯具应采用安全特低电压供电，其交流电压值不应大于12 V，无纹波直流供电不应大于30 V。

GB 16895.21-2011 规定如下：

如果 SELV 和 PELV 回路的标称电压超过交流 25 V 或直流 60 V，或电气设备被液体浸没，这时应采用下列的一种基本保护：

1）符合规范附录 A 中 A.1 的绝缘。

2）符合规范附录 A 中 A.2 要求的遮栏或外护物。

在正常的干燥环境内不必为下列特低电压回路设置基本保护：

1）标称电压不超过交流 25 V 或直流 60 V 的 SELV 回路。

2）标称电压不超过交流 25 V 或直流 60 V 的 PELV 回路，其外露可导电部分和（或）带电部分通过保护导体与总接地端子相连通。

在所有情况下，如果标称电压不超过交流 12 V 或直流 30 V，SELV 或 PELV 系统不要求设置基本保护。

水下交流不超过 12 V，直流不超过 30 V。关于这一点，大部分人容易忽视，往往涉及水下项目，直接按 12 V，这个在设计上不算错。但是有的项目，会非常不合理，增加很多造价。按常规灯具电压允许偏差为±10%考虑，24 V 的供电距离会提高。注意 24 V 的 10%是 2.4 V，12 V 的 10%是 1.2 V，虽然都是 10%，但是允许电压降不同。

实例：某项目 4 m 一个 12 V、36 W 的水下灯，受电压降限制每个回路 2.5 mm^2 的线只能带四五个灯，这还是考虑开关电源接到中间的灯，然后往两边分，尽量减小电压降。当采用 24 V 灯具时，供电距离是 12 V 灯具的 2 倍。（供电距离 2 倍，灯数量是 2 倍，功率也是 2 倍，电压 2 倍的情况下，电流不变，线路电阻是 2 倍，线路电压降是 2 倍，刚好满足）

该项目预埋管敷设好之后，后面有变更，加了控制线，改预埋管影响非常大，可以认为不能改，造成穿线非常困难。如果灯具用 24 V，供电距离不变的情况下，电源线可以变小，这样穿线就没问题。

同样参数的开关电源和灯具，只是电压由 12 V 改为 24 V，造价可以认为是一样的。所以在规范允许范围内尽量利用 24 V，能有效降低造价。开关电源数量和导线数量会明显减少，造价明显降低。

72. 电涌保护器设置越多越好吗？

某项目电涌保护器设置过多，几乎所有箱子（总箱、层箱、户箱）都带电涌保护器（SPD）。

电涌保护器并非设置越多越好，需要一定配合，维护管理到位。根据 GB 50057—2010 和 GB 50343—2012 的要求，一般仅进线、层箱和较重要负荷需要设置。

某住宅（部分为公寓和沿街商业）项目实际设计是按每个配电箱都设置电涌保护器做的，但是各种校对、审核和审定都没有审出这个问题。

最后采购只能按图，造价上去了，留下了一些维护管理的隐患，户内箱较大，比较难看。

73. 办公楼实际运行的用电指标是多少？

《配三》给出办公楼用电指标为 30~70 W/m^2，设计一般参考这个值，由于其出版时间是 2005 年，随着时代的发展，后面有的设计院按 80~100 W/m^2 指标。最近出版的《配四》，是按 80~100 W/m^2 的指标。手册是考虑通用性，所以一般指标是偏大的。根据调研数据，各个城市是明显不同的，也就是说繁华程度、发展程度不同，地域性较强。办公楼用电指标较高的是北京、深圳和长三角。那么实际用电指标到底是多少？

据北京某权威机构对当地多个具有代表性的办公楼的长期监测显示，指标最高的从未超出过 45 V · A/m^2（变压器指标）。据此，如果不考虑变压器降容，可以直接用面积乘以这个值，例如 10 万 m^2，4500 kV · A 的变压器，当然也可以取整选择 5000 kV · A。

某非省会地级市的办公楼，共计 7 层，15000 m^2。下面两层商业，上面是办公区，需要几台多大变压器？

常规设计一般为两台 800 kV · A 的变压器，实际安装为一台 315 kV · A 变压器（杆架式、油浸变电器）。入住率商业约为 90%，办公为 70%~80%。平均用电指标大约是 20 V · A/m^2，似乎不太符合常规的设计，但结合北京的调研，没有超过 45 VA/m^2的，那么对于三线城市，更低一些也就能理解了，而且正常运行 10 年了，没有什么问题。

如果是两台 800 kV · A 变压器，即使是占用车库做变配电室，面积为 120~200 m^2，高低压柜变压器等设备、所占面积、后期运营变压器基本费用和维护成本总的造价比杆架式变压器多出来几百万！（再结合相关的调研，北上广等多个地方多个项目的实际负荷率低得惊人，比设计值低很多，平均实际值比设计值至少减半，当实际做项目时，应适当注意）

这个案例作为设计院来讲，设计本身非常简单，但想准确把握实际负荷很难，另外设计都偏保守，一些图集手册等资料本身为求通用已经是保守了，所以导致绝大部分实际项目的变压器实际负荷率长期很低，甚至很多变压器最高负荷率从未到过 40%（根据调研资料显示如此）。作为甲方要准确把握实际负荷，需要对当地实际项目运行情况准确把握，并总结分析，还是有难度的。

74. 某项目业态和面积都未完全确定的情况下如何确定变压器容量？

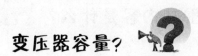

某项目概况，1~2 万 m^2 沿街商业，2~3 万 m^2 四合院，整个项目均为商业用地，四合院有可能做住宅、特色酒店、办公、会所、餐饮等，业主购买之后，自行确定。一般设计院计算，肯定是按明确业态，会有一个理论值。实际中，并不一定是这样，有的项目是前期不能确定的，需要注意满足多种需求，对市场有一定把握。甲方也无法精确确定，房子卖出去或租出去之后，使用者做何决定。

为满足各种需求，并考虑一定实际，容量不能太大，也不能不够用。最终确定统一按 100 V · A/m^2 指标考虑，面积按不确定的范围的中间值 4 万 m^2 考虑，负荷约 4000 kV · A，近似选择 6 台 630 kV · A 箱式变压器。（综合考虑了本地相关项目经营、招商、营销等）。

根据诸多项目经验，这种商业街整体按 80~120 V · A/m^2 指标即可，本项目按 100 V · A/m^2 指标，考虑了常规情况下餐饮占比不超过 30%。

75. 变配电室备用回路怎么预留合适？

变配电室备用20%回路，是设计规范中推荐的值。但根据某一些项目实际经验看，有时候实际情况改变过多，与图样中的变化很大，很多直接从变配电室拉一路或几路回路，商铺租出一半的时候，低压柜备用回路已经用完，明显不够。

实际中，商业改的非常多！绝大部分商业装修改动非常大，建筑结构水暖电都有较大改动，整体配电往往也是重新布置，由于很多商铺是多家合并的，所以基本是单独从变配电室重新走干线，原来的全部废掉。空调机组也有的从一个大的机房变成很多独立的，每户安装一个。

根据复盘经验，预留20%回路非常紧张，可按40%~50%预留。应多预留较大开关，主要是400 A和250 A的开关多预留。预留的备用回路不仅是为增加容量考虑，也为缩短故障恢复时间考虑，当开关故障时，可及时通过替换开关恢复用电。

76. 常规住宅项目中总包范围及内容是什么？

1. 机电安装

住宅照明部分：总包单位应完成住宅楼内所有主干电缆、桥架、配电箱（柜）的安装调试工作，包括但不限于建筑主体内管线的预留预埋、穿建筑结构的孔洞预留与恢复、桥架安装、电线电缆敷设及布线、配电箱（柜）安装调试检测，住宅内照明应施工至终端灯具或插座，仅各户电表安装为电力公司负责。

住宅公共部分：总包单位应完成所有公共照明、应急照明施工和动力电源供电的工作。公共照明、应急照明总包单位应完成与之相关的所有预埋、布线、灯具安装及调试工作，并在照明配电箱内预留切非接点，配合消防切非联动调试工作。公共区域动力部分总包单位应完成动力设备控制柜以上的所有施工，包括但不限于动力桥架安装、电缆敷设、动力柜安装等工作，并按照动力设备要求将电源由动力柜引入设备控制柜。

地下车库部分：总包单位应完成地下车库的所有强弱电桥架的安装工作，穿结构板梁柱的孔洞预留与恢复工作，包括但不限于红号站（红号站为天津叫法，等同于专用变压器，自管）低压配电柜出线、电信机房、电视机房与终端设备、主配线箱等之间的桥架连接、固定和跨接等工作，地下车库内动力设备动力柜、控制柜之间的线缆敷设、接驳、测试等工作。通信、电视、弱电智能化、消防等需用弱电控制及信号传输线缆属相应专业单位负责。总包单位应完成公共照明、应急照明的所有预埋、布线、灯具安装及调试工作，并在照明配电箱内预留切非接点，配合消防切非联动调试工作。公共区域动力部分总包单位应完成动力设备控制柜以上的所有施工，包括但不限于动力桥架安装、电缆敷设、动力柜安装等工作，并按照动力设备要求将电源由动力柜引入设备控制柜。

现场配合管理：总包单位应对现场所有专业分包进行管理和配合工作，按照专业分包的设计要求预留土建、电气、水暖等必要的施工条件，满足专业分包单位的施工要求。

2. 电梯安装

电梯单位负责各楼电梯的安装工作，总包单位应按照电梯专业二次设计图样，对电梯井道、电梯机房进行完善和改造，以满足电梯安装的要求。电梯井道内设备安装、调试工作全部由电梯单位负责。总包单位将电源引入电梯控制柜，并在电梯验收时配合电梯单位进行验收。

3. 消防报警

总包单位预留建筑结构内的消防报警管路，消防单位利用预埋管路进行布线及设备安装调试工作，其他专业为消防预留联动接口，进行消防联动调试。

4. 弱电智能化

总包单位预留建筑结构内的弱电管路，并安装垂直、水平弱电桥架和箱体，弱电单位利用预埋管路及桥架进行布线及设备安装调试工作，对消控室和监控室进行装修，供消防和弱电共同使用。

弱电单位还应完成电信室等专业机房的装修、设备安装工作。

5. 景观照明

总包单位预留电源，所有景观照明施工全部由景观单位负责。

小结：以上仅为常规做法，并不是必须这样做。这样分看似合理，分工明确，其实也存在问题。总包与分包之间，各个分包之间的交叉部分往往难以把控，需要较高技术水平、较丰富工程经验和较高协调管理水平。

另外的做法就是给总包另加管理费，责成总管协调管理所有分包。看似增加造价了，从实际经验来看，甲方自己协调管理不当造成的损失比支付总包的管理费要高。

专业分包为什么很少清包（只包人工，不包材料）？专业分包专业性非常强，产品自己生产，或与厂家联系紧密。

甲方有权力所有材料都自己采购，但是这样并不见得造价就低，根据实际工程经验来看，不少情况下反而造价高。

实例一：某项目消防改造，清包，所有材料甲方采购，根据工程进度（改造工程工程量未知，坏的换，坏多少未知）分批采购，价格较高，买多了不能退，所以每批都不多，工程进度受影响。专业队伍的情况是，采购价格较低，而且可以随时退。这就是甲方高估了自己的采购水平，低估了专业队伍的能力。另外，如果施工过程中出现什么问题，很难判断是施工质量问题，还是材料问题。按天算人工费，干活必然慢；按工程量算造价，干活质量必然难保证。最后结果就是钱多花了，工程也没干好。另外一种方法，100 万给专业队伍，你多少钱买材料我不管，我只管材料的质量；你上多少人，我不管，我只管工期，省时省力省钱。

实例二：某项目甲方为降低造价，防止总包赚材料差价，窗户自己负责采购，总包安装，其结果是，窗户漏风，你找窗户厂家，人家说你安装没做好，你找总包，人家说你窗户质量问题，最后很难确定谁的责任。如果厂家包安装，和总包现场对接，同样会出现很多其他问题。最好的做法是尽量把更多的项目交给总包去做，甲方只提要求，检查质量。

实例三：某项目一期总包范围就是按本问开始描述那样划分的，结果出现了非常多的问题，如总包与分包之间的对接，分包之间的交叉。甲方协调非常困难，耗费大量时间、精力、人力、物力。经济损失远大于全权交由总包负责的管理费。二期工程总经理特意交代，所有分包都统一归总包负责，甲方支付管理费，只负责管理总包，抓安全、质量、进度。

77. 施工现场临时用电的供电半径如何合理确定？

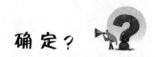

首先简单介绍临时用电的情况。

主要规范：《建设工程施工现场供用电安全规范》GB 50194-2014，《施工现场临时用电安全技术规范》JGJ 46-2005。

规范总则内容如下：

1）为贯彻国家安全生产的法律和法规，保障施工现场用电安全，防止触电和电气火灾事故发生，促进建设事业发展，制定本规范。

2）本规范适用于新建、改建和扩建的工业与民用建筑和市政基础设施施工现场临时用电工程中的电源中性点直接接地的220/380 V三相四线制低压电力系统的设计、安装、使用、维修和拆除。

3）建筑施工现场临时用电工程专用的电源中性点直接接地的220/380 V三相四线制低压电力系统，必须符合下列规定：

① 采用三级配电系统。

② 采用TN-S接零保护系统。

③ 采用二级剩余电流保护系统。

4）施工现场临时用电，除应执行本规范的规定外，尚应符合国家现行有关强制性标准的规定。

临电供电半径超过500 m非常常见，甚至超过1000 m，更有甚者超过3000 m，供电半径较大，末端经常出现310~340 V电压，比标称电压低了11%~18%。低压经常出现在供电半径超过1 km的情况。例如某检修基地48 m跨检修车间，东西长500余m，在东面还有其他厂区和调度楼。变压器到最远的二级箱已经超过1 km。供电距离太远带来一系列整定和保护问题。由于安排分工的问题，这么大面积的施工场地，这么大的用电负荷，电源是低压进线，三路，三个一级箱，若干二级箱。

这么大的供电半径，影响使用吗？

以上项目一级箱到二级箱都是185 mm^2或150 mm^2的电缆，实际负荷每个箱子一般不会太大，相当于电缆是降容使用的，所以供电距离能够较大。

在临时用电中，供电距离经常达到1000 m，是否影响使用？一般对于临时用电来说末端电压为标称电压的85%~90%，不影响使用。

根据现场实测，施工现场低压供电半径在1000 m左右，正常运行时实际末端电压经常为340 V（$340/380\times100\%=89.5\%$），甚至310 V（$310/380\times100\%=81.6\%$，此刻一些用电设备不能使用，需要错峰使用）。

又如火车站施工中，变压器不可能设置在站台上，一般设置在站前广场，站台一般500 m长，多个站台到末端往往供电距离超过500 m。

临时用电受造价等诸多制约，实际做法中往往讲究能用，有一定的可靠性，不可能考虑完全符合规范，否则造价会增加好几倍。距离实在较长的，需要酌情放大导线截面，要满足使用功能。

实际中需现场条件、造价、技术相结合，常见做法为干线适当放大，尽量保证末级配电的供电半径，如此，能够保证较好的电能质量和故障保护。

78. 施工现场临时用电实际应用中常见开关导线配合有什么特点？

某项目，400 kV · A 的箱式变压器，低压柜其中一个开关为 630 A，施工中临时用电曾经用 1 mm^2 的线接在这个开关上。临时用电时间有长有短，只用一小时，不会为此再弄个和 630 A 开关匹配的电缆，组成完整的三级配电两级保护。（这个实例有点极端，但也是实际中经常遇到的情况）

关于上面的实例，有人说这过负荷线烧了，开关也不跳，短路也不跳，也就是说过负荷保护，灵敏度和热稳定都达不到要求。这只是一个手电钻，会过负荷吗？过负荷概率本就很小，这个只是很短时间的临时用电，过负荷概率更是微乎其微，另外用电设备过负荷，线路不一定过负荷。关于短路问题，本项目箱式变压器前端是架空线，而且距离较远，阻抗较大，低压出口处短路电流就非常小，当高压侧短路容量为 10 MV · A（见《配三》表 4-30）时，低压侧单相短路电流为 7.6 kA（630×10×1.3 A=8.19 kA>7.6 kA），也就是说，低压侧出线无论截面多么大，长度多么短，即使线路阻抗忽略都无法满足灵敏度校验。现在看线路部分，按《配三》表 4-25 可知 4×185 mm^2 电缆单位阻抗 0.4 Ω/km，忽略系统（高压侧和变压器，根据表 4-23 可知变压器自身阻抗此时不能忽略，大约相当于 40 m 长 4×185 mm^2 电缆的相保阻抗）阻抗，低压线路 4×185 mm^2 电缆满足灵敏度的最大长度为 67 m（220/8.19/0.4 m=67 m）；考虑变压器阻抗不可忽略，暂时忽略高压侧影响，那么即使是用 4×185 mm^2 电缆，最多只能为 27 m，否则也无法满足灵敏度。实际高压侧影响也不能完全忽略，如果再考虑高压侧影响，那么距离将会更短一些，此处不再详细计算。

由此可见，满足规范没那么容易，既然很难满足，索性抛开规范，自己把握可靠性。应尽量保证不过负荷和不短路是最好的选择，而非短路之后如何保护。

另外就是一个手电钻和 20 m 长 1 mm^2 的线造价有限，而且在室外空旷的场地，没有可燃物，即使过负荷或短路，损失也很小。

临时用电中很少考虑选择和配合，一般只考虑能用，最关键是造价问题。设计中是计算电流≤开关长延时整定≤导线载流量，开关保护导线，并保证使用。但是往往牺牲很大一部分载流量。临时用电中往往是开关长延时整定>导线载流量=计算电流，这样能够充分利用导线的价值。例如，计算电流为 100 A，开关选择 125 A 或者 160 A，导线载流量基本在 150~200 A。同样条件下，200 A 载流量电缆截面肯定大于 100 A 载流量截面的 2 倍，基本是 3 倍了。也就是说，按规范去做的话，电缆造价是能用就行情况的 3 倍。

另外再考虑配电级数，供电距离长产生的电压降和灵敏度等问题。按规范做，造价至少在 3 倍以上，临时用电受造价限制，所以往往难以保证规范性。另外还有技术问题，临时用电一般是施工单位电工来做，他们不懂灵敏度。临时用电属于特殊场所用电，大部分是室外，没有等电位，经常是潮湿环境，电缆材质和性能也往往比较差，隐患非常多。所以作为弥补，三级配电两级保护是强制性条文，配电级数不能过多，剩余电流保护至少两级。但剩余电流保护无法保护 PE 蔓延故障，室外无等电位而采用 TN 系统，这是先天不足。

从设计规范 GB 50054—2011 的规范角度，也有一定依据，过负荷保护方面并不强制，而短路毕竟是小概率事件。而且在室外，一般短路造成损失较小。

1）过负荷保护电器的动作特性，应符合前述式（1）和式（2）的要求。

2）过负荷保护电器应装设在回路首端或导体载流量减小处。当过负荷保护电器与回路导体载流量减小处之间的这一段线路没有引出分支线路或插座回路，且符合下列条件之一时，过负荷保护电器可在该段回路任意处装设：

① 过负荷保护电器与回路导体载流量减小处的距离不超过 3 m，该段线路采取了防止机械损伤等保护措施，且不靠近可燃物。

② 该段线路的短路保护符合规范 GB 50054—2011 的 6. 2 条的规定。

3）除火灾危险、爆炸危险场所及其他有规定的特殊装置和场所外，符合下列条件之一的配电线路，可不装设过负荷保护电器：

① 回路中载流量减小的导体，当其过负荷时，上一级过负荷保护电器能有效保护该段导体。

② 不可能过负荷的线路，且该段线路的短路保护符合规范 GB 50054—2011 的 6. 2 条的规定，并没有分支线路或出线插座。

③ 用于通信、控制、信号及类似装置的线路。

④ 即使过负荷也不会发生危险的直埋电缆或架空线路。

4）过负荷断电将引起严重后果的线路，其过负荷保护不应切断线路，可作用于信号。

从规范看，有几种可以不设置过负荷保护的情况，临时用电大多属于不可能过负荷或即使过负荷也不会发生危险的直埋电缆或架空线路。对于短路，本来就概率不大，而不接地的短路更小，由于两级剩余电流保护可以很好地保护对地故障，电气保护往往不能太极端，根据临时用电规范、设计规范、诸多案例来看，能够满足一定程度上的安全可靠，若能把室外等电位融入临时用电，将会大大提高安全性。

79. 导线非标准与国标有多大差异？

非标准线不止截面会小，材质也可能明显有差异，绝缘也有不同。而且有的截面不止差10%，降一级的也很常见，甚至降两三级的也有。所以，非标准的标称值有时候跟实际值没什么关系。

如某项目最早的钢筋加工区，标的$95mm^2$，实际约$35mm^2$，线径、材质、绝缘等多项内容均不达标。

很多时候临时用电的电线电缆和标准的相差较多，差个一两级正常，但是不要默认只差一两个等级，设计和施工时遇到临时用电问题应注意，应该指出明确要求和参数，尤其是和非专业的采购交流的时候，更应该注意。

市场上一般买不到纯正的国标线，常规比国标低5%~10%，正式工程要求严格的线缆往往是定做的，电缆定货周期在一个月左右，临时用电中往往等不及。

80. 施工现场临时用电接地方式采用哪种更好？

施工现场接地方式主要是TN-S和TT两种，临时用电规范要求必须采用TN-S，当然一些低压引入的，也包括TN-C-S，但施工用电范围内必须TN-S。有人认为室外优先采用TT，真是如此？未必！每种接地方式都不完美，各有优劣，需结合实际来确定，并尽量弥补劣势。

抛开接地方式的这几种人为定义，看本质。TT方式现在也不是单纯的独立接地，至少每个回路还是要有PE线引来，不管哪种方式，单独接地会有PE线断开或者接触不好的担忧；PE线从别处引来会有故障电压蔓延的隐患。没有最好的接地方式，只能根据实际情况来确定、取舍。现在新的TT系统做法是，仅变压器的接地独立，与后面系统没有直接的金属连接，后面至少每个保护回路PE线连在一起，这样可靠性会好很多。

室外用电设备是可以做局部等电位联结的。例如配电箱，做法是在以配电箱为圆心，2~3m半径范围内的地面敷设钢筋网（或其他金属网）加混凝土，钢筋网与配电箱接地体等可靠连接。关于是采用TN-S系统还是局部TT系统，按以前思路是认为两种做法各有利弊：采用TN-S系统，需要多敷设一根PE线，为防止PE线断线，应该在每个路灯处做PE线重复接地，此举也有一定等电位效果。缺点是增加了线缆造价，而且存在通过 PE 线把未及时切除的故障电压传递到其他用电设备上的危险可能性。采用局部 TT 系统，可以避免上述缺点，但是应采用 RCD 保护（除非满足 GB 50054—2011 相关要求，可以采用过电流保护，不过这基本上不可能实现），这就出现了一个剩余电流保护动作整定值的问题，这个整定值既要躲过线路、用电设备的正常泄漏电流，不能误动作，又要保证在发生接地故障时，约定时间内可以切断故障回路。临时用电往往用电设备非常多，线路较长，泄漏电流较大，临时性导致变化范围大，所以这个整定值不是那么好确定的，实际中可以认为是无法确定的。再有，TT 系统的概念也在进步和更新，已经不是每个用电设备独立接地那么简单了，与 TN-S 系统差异很小，只是 PE 线和电源独立，后面还是连接在一起的，能节省的已经很少了，而且整定非常困难，并不一定适用在临时用电中，需要结合实际来确定。

不管哪种方式，都要多做重复接地，降低接地电阻，并起到一定等电位作用，可以有效起到保护作用。最好的做法是在比较重要和容易出现问题的地方，例如配电箱和大型用电设备处不仅做重复接地，而且做局部等电位。

81. 施工现场临时用电配电箱布置有哪些要求？

当项目面积较大（供电半径）或用电量（供电容量）较大时，高压进线，多个箱式变压器或者杆架式变压器。供电容量和供电半径较小时，采用低压进线。

由于二级箱和三级箱供电距离非常有限（二级箱到三级箱不宜超过 30 m，三级箱若为开关箱，到所控制用电设备不宜超过 3～5 m），所以一级箱（低压进线是一个或几个总箱，高压进线的低压柜算作一级箱）的供电半径可能较大（主要考虑电压降问题），二级箱间距根据实际情况控制在 100～200 m，有条件的尽量满足末级配电供电半径不宜超过 30～50 m。

82. 施工现场设置柴油发电机需要注意哪些问题？

根据某调研显示，100 kW 发电机满载情况下每小时约消耗 33 L 柴油。很多项目施工现场都用到了柴油发电机，市场上常见的国产柴油发电机实际容量往往只能达到额定值的 60%～70%。也就是说，300 kW 的发电机实际也就能带 200 kW 左右负荷（2014 年注册电气工程师考试，曾经考过这样一道题，计算柴油发电机的最小容量，计算结果最小为 355 kW，答案里面最小的两个是 350 kW 和 400 kW，有人选择 350 kW，理由是实际设计中 355 kW 的话，350 kW 也能带，因为计算可能有误差，往往偏大，多一点也没事。然而误差不一定是计算偏大，也可能偏小。不管是考试还是设计或实际应用，都应该考虑一定实际，更应严格执行规范要求，所以选择容量要大于计算容量的最小值，并计及各种误差、效率、可靠系数等）。就柴油发电机来讲，大部分是国产的，进口的贵很多，实际容量和标称值是相同的，但有保护装置，一般不允许超载，或者说无法超载，超载会跳闸。

另外就是造价问题，例如施工用电一般每度电 1 元左右。300 kW 柴油发电机满载大约带 200 kW，按市电每小时 200 元，柴油 100 L 为 500~600 元。当负荷率比较低的时候，油耗并不明显降低，差异将更大。总和来看，一般柴油发电机费用至少是市电费用的几倍。

当然柴油发电机有它的优点。灵活方便，便于更换地点，300 kW 发电机可以用叉车方便地更换使用地点。频繁更换地点的还有发电车。实际应用中需要综合考虑，在市电不方便，需要备用和应急电源的场所，柴油发电机还是非常常用的。

83. 临时用电中优先选择铜芯还是铝芯电缆？

几年前施工的时候，买同样截面的电缆，铝是铜的 10%~30%。但铜性能好，寿命长，卖废品的时候还能收回大约一半成本。铝便宜，性能不好，寿命短，用后往往直接扔了，并不怎么划算。不过临时用的和正式的不同。电缆标称一样，实际可以差很多。另外也要结合工程实际，有的项目是要求初期投资少，那就买铝线。

还有一个关键问题，铜线造价高，防盗问题也比较突出。铝线很少丢失，而铜线往往难免会丢失一些。所以上面所说的工程实际还包括工地的安保情况。正如某地 20 世纪 90 年代初期曾经推广在普通民用建筑使用铜材质的接闪器，出现大量丢失现象，很快不再推广。所以做实际项目，要充分考虑实际情况，不能只看纯理论的性能参数。

84. 主体已经完成的项目施工过程中的施工用电如何做接地？

某实际项目，30 层的住宅，主体完成了。在十层施工时，临时用电接地如何做

比较好？一级箱到二级箱没距离要求，二级箱到三级箱不宜超过 30 m，三级箱到用电设备一般不会太远，不会超过 30~50 m。一般二级箱位置比较固定，把接地和建筑物的钢筋网（可选择预留的等电位或接地端子）相连，整个建筑有等电位，有接地。三级箱如果有必要，也可以这样做。至少有 5 芯电缆从二级箱引来，会有接地。安全性近似等同于室内正式用电，等电位大大提高了安全性而临时用电规范未提及此做法，工程人员更是几乎无人懂等电位的实际应用。

85. 施工现场临时用电常见开关导线配合如何理解？

有的项目，设计、施工、预算、采购、维护费用，粗略算了一下，按规范至少比能用就行情况贵 3 倍。实际应用中可能不符合规范，而是利用现有条件解决现实问题，开关往往大于电缆载流量，这样才能充分利用电缆。跟设计思路是不一样的，设计思路是计算电流 80 A 选 100 A 开关，电缆载流量为 120 A 左右。临时用电的时候，实际电缆载流量还是 80 A 左右，按设计思维选的电缆载流量往往是实际的 1.5~2 倍，截面积基本是 2~3 倍。因为载流量跟电缆截面积不是成线性正比，截面越大散热越不好。查载流量表，50 mm^2 电缆明显达不到 25 mm^2 电缆的 2 倍，基本只有 16 mm^2 电缆的 2 倍，这样电缆造价是能用就行的 2~3 倍了。

那过负荷怎么办？谁来保护？

既然电缆造价节省了，使用的时候就要多注意一些。临时用电非常特殊，负荷经常变化。不过一般有临时用电电工专门负责巡检。检测办法首先是目测用电设备功率和导线截面，估算是否过负荷，注意是看导线实际截面和材质，而不是看导线的标注（这需要经验，一眼能看出导体截面和材质，材质不是铜和铝两种，很多时候是铜线，但杂质含量有多有少）；其次用手去摸一下电缆的温度，根据温度可以判断是否过负荷（正常运行导线都有一定温度，当明显较烫时，可能接近满载或已经过负荷）。

86. 施工现场临时用电变压器低压侧总开关导线选择应注意哪些问题？

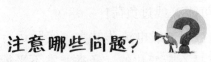

基本情况：广西某火车站施工用电有 3 台变压器（都是杆架式、油浸变压器），

两台 315 kV · A，一台 630 kV · A。

实例一：一台 315 kV · A 出线用的是 BLV−4×120 mm^2 电缆，穿了四根 PVC 管（单根穿管载流量约为 250 A，环境温度为 35℃），变压器额定电流为 455 A，配的 500 A 开关。明显导线配小了，当时出现的情况就是线经常烧，PVC 管经常烫手，可想而知里面的导线温度多高，后来绝缘层都烧开了。电线发热的时候，热传递到开关，过热保护动作，500 A 开关多次跳开，最开始几次跳闸的时候导线外观无明显损坏，所以实际中不一定开关整定值大于导线就肯定不能保护导线。有人提议换大开关，其实没用，需要换导线。正确合理的做法应该是开关用 630 A（可调），导线载流量略大于 630 A，因为线路较短，可选择 BLV−4×185 mm^{2}双拼电缆）。

从设计角度看，这个出线过小，限制了变压器容量的充分使用，应先考虑变压器的充分使用，包括过负荷能力。

实例二：一台 315 kV · A 出线用的是 BLV−4×240 mm^2 电缆，从充分利用变压器容量的角度，导线偏小，但施工过程中只是带 20 台 20 kV · A 的电焊机，因负荷较少，所以没有过负荷。

考虑造价的话，不是导线选小了，而是变压器选大了。所以调整的话，变压器可以选小一些，200 kV · A 足够。这又涉及负荷计算，需要对已知用电负荷准确计算，也需要对整体有所考虑，考虑未知可能增加的负荷。

实例三：一台 630 kV · A 出线用的是 BLV−4×185 mm^2 双拼电缆，从充分利用变压器容量的角度，导线偏小，但施工过程中负荷不是太多，电线明显有温度，但未出问题。

87. 施工现场生活区临时用电设计应注意哪些问题？

基本条件：生活区一般用电负荷较小，单相用电设备较多，三相用电设备很少。工地 5 芯电缆多为 3+2 电缆。

例如现有 3×35 mm^2+2×16 mm^2 的电缆如何应用？

如果按正常建筑电气设计思维，有可能 N 线过负荷！

生活区多为单相负荷，再有点带谐波，N 线电流非常大。实际运行时三相很难平衡，接线可以平衡，但是实际电流是不断变化的，经常非常不平衡。例如三层宿舍，每层一相，管理角度三个班组每个班组一层，可能出现轮班，这时候不平衡电流会很大，也就是N线的最大电流可能接近（甚至大于L线）。所以，宁愿某L线电流小，不能N线电流小。L线电流小，可以这相适当少接，如每层10间屋子，L线电流较小那相可以带6间，剩余两相各带12间。所以会出现这种经常把N线和某L线对调使用，当然接线的时候，这相可以少接负荷，这是常见的做法。

利用现有条件解决实际问题。本例做法虽然似乎违反设计规范，但实际中却能发挥更好的效果。

施工用电三相用电设备占绝大多数，单相用电设备少，所以电缆往往都是3+2芯的，单独为生活区配备4+1芯的通用性差（考虑造价的情况下）。临时用电变化大，电缆经常变动，所以通用性对于节省造价来说非常重要。

当然，从纯设计角度考虑，这个问题很简单，直接设计4+1芯的电缆就好了。这种受条件限制的施工现场的做法，也会对我们有启发，有时候实际问题不能被太多条条框框限制，但需符合基本原理。

88. 施工现场生活区临时用电中 4 mm^2 线能带几台空调？

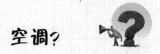

实际情况：北京某工地生活区空调，彩板房，每间 15~20 m^2，1.5P（功率大约为1.1kW）空调。三级配电箱为彩板房专用，距离非常近。4 mm^2 线（已经折合为国标，实际是标称 6 mm^2 的非标准线，非常接近国标 4 mm^2）穿管敷设，实际经验表明最多带4台空调，第五台带不起来！

理论分析：按12D图集（见图31），2根4 mm^2 穿管明敷设电流为28A。$28\times220\times0.8\,W=4.928\,kW$，刚好大约可以带4台1.5P空调。夏天没有电辅热，冬天有电辅热。夏天功率比冬天小，但是夏天环境温度高，导线载流量比冬天小。冬天在0℃左右时，同样的4 mm^2 的线载流量大约能到40A。

在建筑电气设计中，一般这种功率的壁挂式空调，采用4 mm^2 的线最多只能带2台，因为环境不同、情况不同，施工现场临时用电有的是采用穿管明敷设，散热好一些，载流量要大一些。某种意义上说，从纯设计角度考虑的是安全可靠，施工用电在实际中会更多地结合实际经验、现场情况、造价等，结果往往会在临界点附近。

型　号	BV　ZR-BV　WDZ-BY(J)																				
额定电压/kV	0.45/0.75																				
导体工作温度/℃	70																				
环境温度/℃	30	35	40	30			35			40			30			35			40		
导线排列	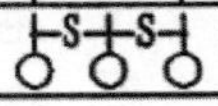																				
导线根数				2	3	4	2	3	4	2	3	4	2	3	4	2	3	4	2	3	4
标称截面/mm²	空气中明敷载流量/A			导线穿管明敷设载流量/A									导线穿管暗敷设载流量/A								
1.5	22	20	18	17.5	15.5	14	16	15	13	15	13	12	14.5	13.5	12	14	13	11	13	12	10
2.5	29	27	25	24	21	19	23	20	18	21	18	17	19.5	18	16	18	17	14	17	16	14
4	39	36	33	32	28	26	30	26	24	28	24	22	26	24	21	24	23	19	23	21	18
6	51	47	43	41	36	33	39	34	31	36	31	29	34	31	27	32	29	26	30	27	24
10	70	64	59	57	50	46	54	47	43	50	44	40	46	42	37	43	39	37	40	37	32
16	98	90	83	76	68	61	71	64	57	66	59	53	61	56	49	57	53	46	53	49	42
25	129	119	109	101	89	81	95	84	76	88	77	70	80	73	64	75	69	60	70	64	56
35	158	147	134	125	110	100	118	103	88	109	96	87	99	89	79	93	84	74	86	77	69
50	201	185	170	151	134	120	142	126	114	131	117	105	119	108	95	112	102	90	104	94	83
70	247	229	209	192	171	154	180	161	144	167	149	134	151	136	121	142	128	114	131	118	105
95	303	281	257	232	207	186	218	195	174	201	180	161	182	164	146	171	154	137	158	143	126
120	350	324	296	269	239	215	253	224	202	234	207	187	210	188	168	197	177	158	183	164	146
150	402	371	340	—	—	—	—	—	—	—	—	—	240	216	192	226	203	181	209	188	167
185	458	423	387	—	—	—	—	—	—	—	—	—	273	245	218	256	230	205	238	213	190

注：明敷载流量值是根据$S>2D_e$（D_e—电线外径）计算的。

BV ZR-BV WDZ-BY(J)绝缘电线 空气中明敷及穿管时持续载流量	图集号	12D1
	页次	80

图31　绝缘电线载流量值

89. 施工现场配电系统的雷电过电压如何防范？

广西某火车站项目，办公室是彩钢板的临时房，电源是从附近村子架空引入。打雷的时候经常跳闸，有次打雷断路器没跳，什么原因？

原因比较多，线路绝缘较差，尤其下雨的时候，有时候不打雷也可能跳闸，有多次在雷电较近的时候频繁跳闸，这说明与雷电有直接关系。配电箱内无电涌保护器（SPD），需要补上。

另外剩余电流保护器（RCD）也可能导致雷电的时候跳闸，因为雷电流很大，但持续时间很短，所以采用带短延时的RCD能较好地躲开雷电流。

90. 施工现场临时用电的负荷计算需要注意哪些问题？

用电负荷计算的核心是正确理解一些资料中需要系数的意义，例如《配三》给出电焊机需要系数为0.35，如果20台电焊机一起用，那么需要系数取1？未必！

一台11kV·A的电焊机，220V/380V两种电压均能使用，当使用220V电压时，开关导线如何设计？作为一个简答题、计算题，对于设计来讲不难。这是一个实际案例，是一个选择题。现场条件是施工临时用电焊机，站台只有BV-3×$2.5\,mm^2$的电源线，是否能用？如何判断？

如果判断能用，实际不能用，可能会导致上级跳闸或线路烧毁。如果判断不能用，而实际能用，需要另外准备发电机，还要考虑天窗点等因素，会有较大经济支出。根据经验$2.5\,mm^2$的线是可以带11kV·A的电焊机，此实例又一次验证了这个经验，即额定电流大约为50A，由于持续率，等效计算电流大约为25A实际使用往往不满载，有可能电流减半，甚至更小。

10台电焊机正在焊接钢结构，电流为多大？如果设计如何做？先估算电流，然后用卡钳表测量电流，实际电流只有30~40A。10台12~18kW电焊机计算电流为多大？为什么电流差这么多？《配三》的需要系数0.35如何来的？如果简单地认为10台18kW电焊机一起用就是180kW，那就很不严谨。这涉及电焊机的使用原理、持续率、满载率、最大电流、电流曲线等。根据实际测量和理论知识来判断，《配三》的需要系数已经充分考虑了电焊机实际使用情况，正常使用实际最大也就是0.35，往往达不到这个值，0.35已经是非常保守的系数。当时采用的是BLV-3×35 mm^2+2×16 mm^2 的架空线，用手去摸配电箱的进线，没有明显发热，说明实际电流离导线额定电流还有较大差距。

又如某火车站站房施工，打桩机30台的计算负荷，每台70~80 kW。旋挖钻一台，用柴油的，不用电。打桩机和旋挖钻的作用是一样的，都是打桩。所以，计算负荷很灵活，差异很大。纯指标法此时并不适用，需联系实际，如果大量采用旋挖钻，那么用电量会小很多，如果大量采用用电的打桩机则用电量极大。站房建筑面积只有1.2万 m^2，正式用电是两台800 kV · A变压器，施工用电是一台2000 kV · A和一台1000 kV · A箱式变压器（油浸式变压器，接口费为315元/kV · A，共计315×1000元+315×2000元=94.5万元）。如果打桩只用旋挖钻，那么一台1000 kV · A箱式变压器足够其他用电设备了。

打桩机用电如何计算？30×80 kW = 2400 kW？这个和前面的10台电焊机类似。有人非常担心2000 kV · A的变压器不够用，实际1000 kV · A的变压器就足够用，还能带其他负荷。电焊机、打桩机等动力设备存在持续率、满载率、同时性等因素，需综合考虑。

91. 电工载流量口诀如何应用？

严谨地说，导线载流量需要考虑多种因素，电工口诀在一些情况下并不适用。但有时候虽然牺牲一些准确性，却可以换来较大便利。想把各种导线载流量都背下来并不容易，而且即使背下来，在施工现场临时用电中也没多大用，因为第一步要肉眼确定导线的实际材质和截面（材质是铝还是铜，铜的材质也很重要，临时用电中铜的材质纯度往往有一定偏差），肯定存在误差，重要的是尽量缩小这个误差，所以载流量表背诵得再熟悉也有局限。电气技术人员在施工现场，不可能拿本手册去查载流量，不可能拿千分尺去测量导线的直径，拿计算器去算导线截面，非常不方便，也显得非常业余，所以本口诀在实际应用中还是非常有用的，但应注意理解和灵活运用。

载流量口诀

二点五下乘以九，往上减一顺号走。

三十五乘三点五，双双成组减点五。

条件有变加折算，高温九折铜升级。

穿管根数二三四，八七六折满载流。

本口诀对各种绝缘线（橡胶和塑料绝缘线）的载流量（安全电流）不是直接指出，而是用“截面乘上一定的倍数”来表示，通过心算而得。由口诀可以看出：倍数随截面的增大而减小。

“二点五下乘以九，往上减一顺号走”说的是 $2.5\,mm^2$ 及以下的各种截面铝芯绝缘线，其载流量约为截面数的9倍。如 $2.5\,mm^2$ 导线，载流量为 $2.5\times9\,A=22.5\,A$。$4\,mm^2$ 及以上导线的载流量和截面数的倍数关系是顺着线号往上排，倍数逐次减1，即4×8、6×7、10×6、16×5、25×4。

“三十五乘三点五，双双成组减点五”说的是 $35\,mm^2$ 的导线载流量为截面数的3.5倍，即 $35\times3.5\,A=122.5\,A$。$50\,mm^2$ 及以上的导线，其载流量与截面数之间的倍数关系变为两个线号成一组，倍数依次减0.5。即 $50\,mm^2$、$70\,mm^2$ 导线的载流量为截面数的3倍；$95\,mm^2$、$120\,mm^2$ 导线载流量是其截面积数的2.5倍，依次类推。

“条件有变加折算，高温九折铜升级”说的是铝芯绝缘线、明敷在环境温度25℃的条件下而定的。若铝芯绝缘线明敷在环境温度长期高于25℃的地区，导线载流量可按上述口诀计算方法算出，然后再打九折即可；当使用的不是铝线而是铜芯绝缘线，它的载流量要比同规格铝线略大一些，可按上述口诀方法算出比铝线加大一个线号的载流量。如 $16\,mm^2$ 铜线的载流量，可按 $25\,mm^2$ 铝线计算。

“穿管根数二三四，八七六折满载流”说的是在穿管敷设两根、三根、四根电线的情况下，其载流量分别是电工口诀计算载流量（单根敷设）的80%、70%、60%。

注意以上只是常规的大概情况，能解决绝大部分问题，较为特殊的情况非常少，若遇到特殊情况应另外考虑。例如高温九折，30~35℃的时候差不多，但是40~50℃甚至更高的时候就不止九折，另外就是环境温度长期较低，载流量会大一些，具体可参考表65~表68。

表 65　通信电源用耐火阻燃软电缆参考载流量表

单芯			二芯			三芯			四芯						五芯					
标称截面	ZA-RV	ZA-RW	标称截面	ZA-RW	ZA-RW22	标称截面	ZA-RVV	ZA-RVV22	标称截面	ZA-RVV	ZA-RVV22	标称截面	ZA-RW	ZA-RVV22	标称截面	ZA-RW	ZA-RVV22	标称截面	ZA-RV	ZA-RVV2
/mm²	/A	/A	/mm²	/A	/A	/mm²	/A	/A	/mm²	/A	/A	/mm²	/A	/A	/mm²	/A	/A	/mm²	/A	/A
1.5	20	21	2×1.5	19	—	3×1.5	16	—	4×1.5	16	—	3×1.5+1×1	16	—	3×1.5+2×1	16	—	4×1.5+1×1	16	—
2.5	27	27	2×2.5	25	—	3×2.5	21	—	4×2.5	21	—	3×2.5+1×1	21	—	3×2.5+2×1	21	—	4×2.5+1×1	21	—
4	38	37	2×4	35	—	3×4	28	—	4×4	28	—	3×4+1×2.5	28	—	3×4+2×2.5	28	—	4×4+1×2.5	28	—
6	45	46	2×6	44	44	3×6	39	3	4×6	39	37	3×6+1×4	39	37	3×6+2×4	39	37	4×6+1×4	39	37
10	63	63	2×10	57	57	3×10	50	48	4×10	50	48	3×10+1×6	50	48	3×10+2×6	50	48	4×10+1×6	50	48
16	78	78	2×16	76	76	3×16	69	62	4×16	69	62	3×16+1×10	69	62	3×16+2×10	69	82	4×16+1×10	69	82
25	105	106	2×25	98	98	3×25	89	83	4×25	89	83	3×25+1×16	89	83	3×25+2×16	89	83	4×25+1×16	89	83
35	132	135	2×35	122	121	3×35	106	99	4×35	106	99	3×35+1×16	106	99	3×35+2×16	108	99	4×35+1×16	106	99
50	156	155	2×50	145	143	3×50	128	119	4×50	128	119	3×50+1×25	128	119	3×50+2×25	128	119	4×50+1×25	128	119
70	202	205	2×70	185	185	3×70	164	155	4×70	164	155	3×70+1×35	164	155	3×70+2×35	164	155	4×70+1×35	164	155
95	252	256	2×95	230	230	3×95	205	190	4×95	205	190	3×95+1×50	205	190	3×95+2×50	205	190	4×96+1×50	205	190
120	295	297	2×120	266	262	3×120	235	218	4×120	235	218	3×120+1×70	235	218	3×120+2×70	235	218	4×120+1×70	235	218
150	336	340	2×150	217	312	3×150	275	252	4×150	275	252	3×150+1×70	275	252	3×150+2×70	275	252	4×150+1×70	275	252
185	392	398	2×185	356	348	3×185	305	278	4×185	305	278	3×185+1×95	305	278	3×185+2×95	305	278	4×185+1×95	305	278
200	415	417	2×200	366	355	3×200	318	293	4×200	318	293	3×200+1×120	318	293	2×200+2×120	318	293	4×200+1×120	318	293

（续）

单芯			二芯			三芯			四芯						五芯					
标称截面	ZA-RV	ZA-RW	标称截面	ZA-RW	ZA-RW22	标称截面	ZA-RVV	ZA-RVV22	标称截面	ZA-RVV	ZA-RVV22	标称截面	ZA-RW	ZA-RVV22	标称截面	ZA-RW	ZA-RVV22	标称截面	ZA-RV	ZA-RVV
/mm^2	/A	/A	/mm^2	/A	/A	/mm^2	/A	/A	/mm^2	/A	/A	/mm^2	/A	/A	/mm^2	/A	/A	/mm^2	/A	/A
240	471	480	2×240	400	391	3×240	368	330	4×240	268	330	3×240+1×120	368	330	3×240+2×120	368	330	4×240+1×120	368	330
300	536	545	2×300	—	—	3×300	—	—	4×300	—	—	3×300+1×	—	—	3×300+2×	—	—	4×300+1×	—	—
400	636	642	2×400	—	—	3×400	—	—	4×400	—	—	3×400+1×	—	—	3×400+2×	—	—	4×400+1×	—	—
500	730	737	2×500	—	—	3×500	—	—	4×500	—	—	3×500+1×	—	—	3×500+2×	—	—	4×500+1×	—	—

注：表中数据以电缆在室内空气中 40℃敷设，最高工作温度 70℃计算。根据 YD/T 1173—2010 电缆规格定义，ZA-RV 系列电缆额定工作电压为 450 V/750 V（适用直流供电）：ZA-RVV、ZA-RVV22 系列电缆额定电压为 600 V/1000 V（适用于交流供电）。

表 66　环境温度校正系数表

环境温度/℃	5	10	15	20	25	30	35	40	45	50	55	60
校正系数	1.40	1.35	1.30	1.29	1.22	1.15	1.08	1	0.91	0.81	0.7	0.59

表 67　敷设排列方式校正系数表

电缆中心距离	单根	二根水平排列	三根水平排列	四根水平排列	六根水平排列	四根上下两层排列	六根上下两层排列	八根上下两层排列
$S=d$	1	0.9	0.85	0.82	0.80	0.8	0.75	0.75
$S=2d$	1	1.0	0.98	0.95	0.90	0.9	0.9	0.85
$S=3d$	1	1.0	1.0	0.98	0.96	1.0	0.96	0.95

表 68　1~3kV 油纸、聚氯乙烯绝缘电缆空气中敷设时允许载流量（单位：A）

绝缘类型		不滴流纸			聚氯乙烯		
护套		有钢铠护套			无钢铠护套		
电缆导体最高工作温度/℃		80			70		
电缆芯数		单芯	二芯	三芯或四芯	单芯	二芯	三芯或四芯
电缆导体载面/mm^2	2.5					18	15
	4		30	26		24	21
	6		40	35		31	27
	10		52	44		44	38
	16		69	59		60	52
	25	116	93	79	95	80	69
	35	142	111	98	115	95	82
	50	174	138	116	147	121	104
	70	218	174	151	179	147	129
	95	267	214	182	221	181	155
	120	312	245	214	257	211	181
	150	356	280	250	294	242	211
	185	414		285	340		246
	240	495		338	410		294
	300	570		383	473		328
环境温度/℃		40					

注：1. 适用于铝芯电缆；铜芯电缆的允许持续载流量值可乘以 1.29。

2. 单芯只适用于直流。

以上数据是国标线缆的标准情况。载流量表与口诀中载流量基本一致。考虑二者载流量误差小于临时用电实际非标准误差，所以临时用电应用中可以按口诀估算。

92. 对施工现场临时用电负荷计算影响较大的因素有哪些？

工期、结构形式、用电设备类型、供电半径、夜间照明、时代的发展、地域性、管理形式等都可能对施工现场临时用电负荷计算有较大影响。

工期紧张的话，必然人工和机械就多，用电设备就多，用电量自然就大。

结构形式，钢结构、灌注桩等，往往需要大量电焊机，用电量较大。

用电设备类型，同样是打桩，功率大小差异非常大，有八九十千瓦的，有三四十千瓦的，有用柴油的。

注意时代的发展，电费多年来没有什么变化，但是人工费增长很快，这样自然用电设备越来越多，频率也越来越高，尽量多用机械设备来代替人工，所以施工用电指标随着时代发展逐步提高。

供电半径大的话，可能需要多台所带负荷变压器，这样同时系数会大一些，一般一台2000kV·A 的变压器所带负荷大于4台500kV·A 变压器。例如功率较大的塔式起重机，按《配三》推荐系数，3台及以下需要系数为1，4台为0.9。一般500kV·A变压器所带塔式起重机不会太多，往往也就三五台，但是2000kV·A 变压器所带塔式起重机可能在15~20台，此时系数就比较小了，其他很多用电设备也与此类似。

如果晚上正常施工，夜间照明负荷不可忽视。某项目临时用电三路低压进线，曾经安装了65台3.5kW 的镝灯。镝灯需要系数为1，也就是晚上全亮，计算负荷为227.5kW(65×3.5kW=227.5kW)，功率惊人!

实例：某项目建筑面积约为14万m^2，别墅、多层、高层都有。临时用电设置了3台400kV·A 箱式变压器。单位面积用电指标为8.57V·A/m^2，如果是一台箱式变压器，则不必为1250kV·A，只需要1000kV·A 足够。

93. 当配电系统中无N线时普通照明如何使用？

三相供电线路发生中性导体中断故障（见图32a），线电压将加在星形联结负荷上，当负载不相等时，负荷大（阻抗低）分压低，而负荷小（阻抗高）分压高。负荷非常小（阻抗趋于无穷大），负荷上的电压为$\sqrt{3}U_0$。

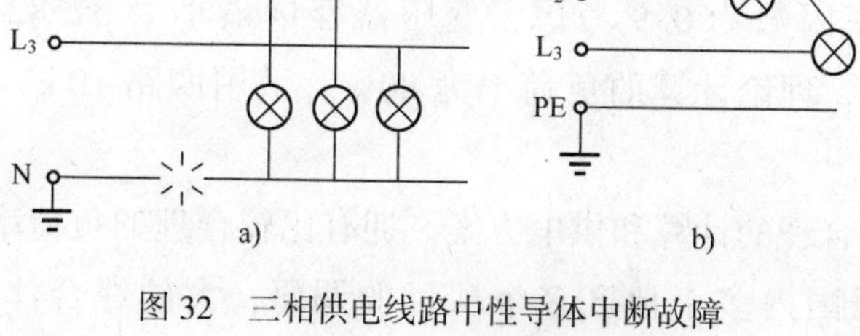

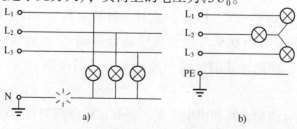

图32　三相供电线路中性导体中断故障

在临时用电中，除办公室和宿舍外，施工用电设备绝大部分是三相的。经常只是为了照明而加 N 线，有时候条件受限，仅四芯电缆。此时，不应放弃 PE 线（见图 32b），可用三个同样的灯接成星形，或者直接两个灯串联接在单相 380 V 上，也非常简洁。工矿企业施工现场临时用电都采用过此类方法。

94. IMD 与 RCM 有何区别？

IMD 与 RCM 有三点区别：

1）检测的对象不同，IMD 检测系统对地的绝缘电阻，RCM 检测系统剩余电流。

2）IMD 能在系统带电和不带电情况下监测，而 RCM 只能在系统带电情况下监测。

3）IMD 检测系统对地的对称绝缘电阻和不对称绝缘电阻，RCM 检测系统的不对称剩余电流，不能检测对称剩余电流。

如医疗 IMD 报警系统，对于每个医疗 IT 系统，配备有下列组件的声光报警：

当绝缘电阻下降到报警值时，黄灯亮。应不能消除或断开点亮灯指示。

当绝缘电阻下降到最小整定值时，音响报警动作。该音响在报警条件下可以解除。

当故障被清除恢复正常后，黄色信号灯应熄灭和解除音响报警。

95. 大型商场的供电方案和实际负荷应注意哪些问题？

基本条件：25 万 m^2 多层商业。该项目的实际用电量不考虑规范，最小是多少？考虑规范，最小是多少？

实际设计是按照每平方米 115 W 的指标，计算负荷为 28750 kW，按负荷率不宜超过 85%，功率因数为 0.9 考虑，变压器容量最小为 37582 kV · A。容量按 40000 kV · A 考虑，理论计算的负荷率为 80%。采用四路 10 kV 进线或者更高电压等级的进线。

看上去是比较合理的计算和供电方案，拥有比较合理的负荷率和安装容量。实际并非如此，根据国内多个地区多个项目的调研，大的综合体变压器指标一般在90~120 V·A/m^2。

根据调研，大型高端的综合体负荷比例中，照明占的比例较大，甚至超过空调的比重。本例中商业所处地域繁华程度并不很高，较偏僻，项目定位也是中端，实际指标较低。

根据各地调研结果和本地经验，本例变压器每平方米指标按 80~100 V·A 足够，25 万 m^2 容量为 20~25 MV·A，可以采用两路 10 kV 进线。

在保证使用的情况下，容量尽量低，这是甲方最想要的！往往变配电室建设费和变压器运营的基本费用惊人。四路 10 kV 和两路 10 kV 的差价，再加上 40 MV·A 和 20 MV·A 容量的初期投资差价，至少有几千万！运营每年至少差三四百万！(变压器损耗可按安装容量的 1%计算，基本费用不低于这个值。基本费用按一年 365×24 h=8760 h，商业电价 2 元计算，20000×1%×8760×2 元=3504000 元。某地电力公司按 24 元/kV·A 每个月收基本电费，那么费用为 20000×24×12 元=5760000 元，可以看出每年基本费用 576 万和 350.4 万都非常惊人！)

某地初期投资按 1280 元/kV·A，那么 20 MV·A 造价是 20×1000×1280 元=25600000 元即 2560 万元。另外，20 MV·A 变配电室按 10/0.4 kV 等级至少为三个，上千平方米，也是一笔不小的造价。用电指标降下来，电缆造价也就相应降下来了。

从纯设计角度完成这个设计并不难，结合实际准确把握实际用电负荷，既能保证可靠使用，又能非常经济，是非常需要水平的，直接地与经济效益联系到一起，更能体现技术人员的价值。

96. 方案设计阶段如何确定某 4.5 万 m^2 车库的计算负荷并选择变压器？

方案设计阶段一般只能根据车库的建筑面积，并结合一定地域性、产品定位等。本案例提到的车库是天津某总建筑面积 14 万 m^2 的住宅小区的车库，按当地要求车库需要设计单独的专用变压器，但车库的换热站和充电桩负荷算在公用变压器中，车库剩余负荷都算在专用变压器中。在方案设计阶段需要申报专用变压器容量，考虑费用，如果是按正常招标，一个变电站单台变压器容量的差异对整体造价影响极小，但此次实际项目需按当地常规做法，即专用变压器变电站造价通常按 1280 元/kV·A 计费，因此从造价角度考虑应尽量让负荷较为准确。如 2×1000 kV·A 的专用变压器变电站和 2×500 kV·A 的专用变压器变电站造价差异为 1280×1000 元=

128 万元，而实际招标的话，差异仅在变压器和相关总开关、母线，根据某变压器厂提供的价格，500kV·A 的干式变压器仅 3~6 万元，1000kV·A 的干式变压器仅 5~10 万元，加上开关和母线的成本差异，合计直接成本的差异仅几万元的级别。因此需结合实际中各种情况综合考虑，确定合理的计算负荷和变压器容量。

《配四》中规定：除负荷密度指标外，还有变压器装设容量指标，可供设计前期工作中参照。例如，我国各地已建成的旅游宾馆，配电变压器装设容量多为 80~100V·A/m^2。上海市电力公司给出的公共建筑变压器配置容量见表 69（按“N-1”原则配置，即变电站一台变压器退出时，其余变压器能带全部负荷）。

表 69　公共建筑变压器配置容量　　（单位：V·A/m^2）

建筑类型	变压器配置容量	建筑类型	变压器配置容量
小型商业（不超过 30000m^2）等	≥150	剧场、高校、展览馆等	≥120
大中型商业、饭店、休闲场所	≥120	旅馆、体育建筑等	≥100
办公楼、宾馆、酒店、医院	≥130	车库	≥34

《配三》规定见表 70。

表 70　民用建筑负荷密度指标

建筑类别	负荷密度/(W/m^2)
住宅建筑	—
基本型	50
提高型	75
先进型	100
公寓建筑	30~50
旅馆建筑	40~70
办公建筑	30~70
商业建筑	—
一般	40~80
大中型	60~120
体育建筑	40~70
剧场建筑	50~80

（续）

建筑类别	负荷密度/(W/m²)
医疗建筑	40~70
教学建筑	—
大专院校	20~40
中小学校	12~20
展览建筑	50~80
演播室	250~500
汽车库	8~15

北京院技术措施中各类建筑物的用地指标见表71。

表71　各类建筑物的用电指标

建筑类别	用电指标/(W/m²)	变压器装置指标/(V·A/m²)
住宅	15~40	20~50
公寓	30~50	40~70
宾馆、饭店	40~70	60~100
办公	30~70	50~100
商业	一般：40~80	60~120
	大中型：60~120	90~180
体育场、馆	40~70	60~100
剧场	50~80	80~120
医院	50~80	80~120
高等院校	20~40	30~60
中小学校	12~20	20~30
幼儿园	10~20	18~30
展览馆、博物馆	50~80	80~120
演播室	250~500	500~800
汽车库（机械停车库）	8~15（17~23）	12~24（25~35）

注：单位指标法计算的结果不需再考虑变压器的负荷率。

理论计算与分析：

按《配四》变压器指标大于或等于34 V·A/m²，则变压器容量为

$$45000 \times 34/1000\,\text{kV}\cdot\text{A} = 1530\,\text{kV}\cdot\text{A}$$

《配四》参考的是上海的指标，通常按这个指标，国内普通项目的车库都能够用。按这个计算结果如果项目在上海，那么最小选择 2×800 kV · A 变压器，本次案例在天津，所以这个容量通常情况下足够用，如果考虑造价还可以降一级。

按《配三》负荷密度为 $8\sim15\,\text{W/m}^2$，则负荷为

$$45000 \times (8\sim15)/1000\,\text{kW} = 360\sim675\,\text{kW}$$

负荷密度需要考虑变压器负荷率、功率因数，还需结合实际考虑一定的需要系数和同时系数。按功率因数为 0.9，负荷率为 85%考虑，推导负荷密度转化为变压器指标的系数，从而得出变压器指标。

由变压器最高负荷率 85%推导变压器最低指标：

$$(8\sim15)/0.9/0.85\,\text{V}\cdot\text{A/m}^2 = 10\sim20\,\text{V}\cdot\text{A/m}^2$$

直接计算：

$$(360\sim675)/(0.9\times0.85)\,\text{kV}\cdot\text{A} = 471\sim882\,\text{kV}\cdot\text{A}$$

变压器选择单台 500~1000 kV · A 或两台 315~500 kV · A。单台还是两台可结合项目情况。

北京院技术措施负荷密度和《配三》相同，仅按变压器指标 $12\sim24\,\text{V}\cdot\text{A/m}^2$ 计算：

$$45000 \times (12\sim24)/1000\,\text{kV}\cdot\text{A} = 540\sim1080\,\text{kV}\cdot\text{A}$$

变压器选择单台 630~1250 kV · A 或两台 315~630 kV · A。

实际情况思考：以上是根据相关资料的理论计算与分析，在设计院进行设计时，一般会按《配三》和技术措施的指标上限值，上海的下限大约代表了其他大部分地方的上限，因此，三种方法的上限结合实际项目要求的 2 台变压器，计算结论分别是 2×800 kV · A、2×500 kV · A、2×630 kV · A。对于天津专用变压器，实际中电力公司不允许变压器有风扇，意在限制变压器过负荷能力，便于限制整体的实际容量，确保大系统的安全可靠。另外在实际招标过程中，由于普遍性的低价中标，变压器质量每况愈下，出现了较大面积以铝代铜，且实际产品的实际容量有较大比例仅能达到标称额定容量的 80%左右，较小比例能达到 100%，另有较小比例仅能达到 60%。正因为设计参考指标偏大，设计偏保守，才没有出问题。如果指标精确，设计不保守，实际中可能出现问题。因此不能过于选择较低指标，需适当考虑实际。

结论分析：就本项目来说，正常设计院设计往往会考虑 2×800 kV · A，其实 2×630 k · V也足够，最低 2×500 kV · A，这正好对应了前面三种计算结果。这个最小指标是下限，一般不采用。

从甲方角度往往考虑节省初期投资，喜欢选下限指标，可能会按 2×500 kV · A

选取。但需要注意，招标的时候价格太低了，变压器性能有问题。但甲方部门很多，分管内容不同，可能出现设计部门考虑造价按下限选择，然后合约部门和成本部门招标时按低价选择，材料部门和工程部门很难确定变压器的性能，只能核对铭牌，往往只能等到出问题才能发现问题。

所幸这个所谓最低，其实并非实际中的最低。如一些地方电力公司或设计院有长期实测和整理的实际指标，这样会非常准确，也就是说具备准确计算的条件的时候，需要注意实际产品的质量问题和运行环境的降容问题。如实测同类指标 10~15 V · A/m^2，本项目计算容量为 45000×(10~15)/1000 kV · A＝450~675 kV · A，选择 2×315 k · VA 或 2×400 kV · A，那么实际产品性能若仅为标称额定的 80%，运行环境又需要考虑降容，则可能出现烧损变压器或跳闸中断供电的情况。

因此实际中，综合考虑，本案例可以按 2×500 kV · A 或 2×630 kV · A 选取。若变压器质量有保证，可考虑选择 2×400 kV · A。

97. 何为 IFLS、SMCB 和 AFDD?

绝缘故障定位系统（IFLS）能对 IT 系统的对称及不对称绝缘故障定位和绝缘电阻下降到响应灵敏度以下时给出报警。

对 IFLS 的要求：

1）响应灵敏度。电流传感器电源侧对称泄漏电容总和为 1 μF 规定系统条件下，满足判别，响应灵敏度由制造商规定。

2）报警器件。检测到绝缘故障则点亮可视报警器件。若有外部的音响报警，则应有复位按钮。

3）定位电流。为使配电系统第一次故障时定位电流不产生超过约定电压限值（AC 50 V，DC 120 V）的接触电压，最大定位电流应限制至 500 mA。

4）定位电压。在无负荷的条件下，应使其在安全电压限值下；否则，通过 2000Ω 纯电阻的定位电流不应超过 3. 5 mA(AC)或 10 mA(DC)。

SMCB 是家用及类似场所用的带选择性的过电流保护断路器，是一种限流型断路器，能接通、承载和分断电路中的电流。它能在回路中发生过电流的情况下，通过下级过电流保护装置切断电流，其本身只进行限流，并不切断电路，从而能满足上下级过电流保护装置的选择性保护，如图 33 所示。

1）正常工作情况下，选择性断路器 SMCB 双金属片的工作原理与一般 MCB 相同，可作为过负荷保护用。

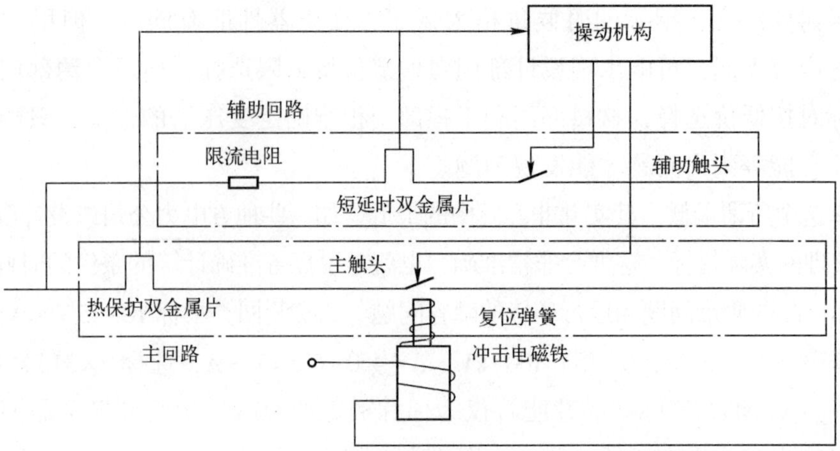

图 33　SMCB 工作原理

2）当下级某一分支回路发生短路故障时，电磁线圈中的铁心作用在主触头上使之斥开，产生电弧，迅速有效地限制短路电流；同时，短路电流流向辅助回路，辅助回路串联一限流电阻和选择性双金属片，使短路电流被限制到几百安培左右。

3）当短路电流被负荷端故障回路的保护电器切断后，主触头在弹簧的作用下重新闭合，确保下级其他无故障回路能正常工作。

4）如果短路发生在下级保护电器的负荷侧，而保护电器因故障不能动作，则选择性双金属片能在 10～300 ms 内释放脱扣结构，使触头断开并保持在断开位置。

AFDD 是电弧故障保护器。带电导体自身断裂或因接触不良产生的串联电弧或带电导体之间的并联电弧发生故障时，由于没有对地故障电流，因此 RCD 无法检测。电弧故障阻抗使得故障电流低于 MCB 或熔断器的脱扣阈值，保护电器不动作（见图 34），最严重的情况是偶发电弧。

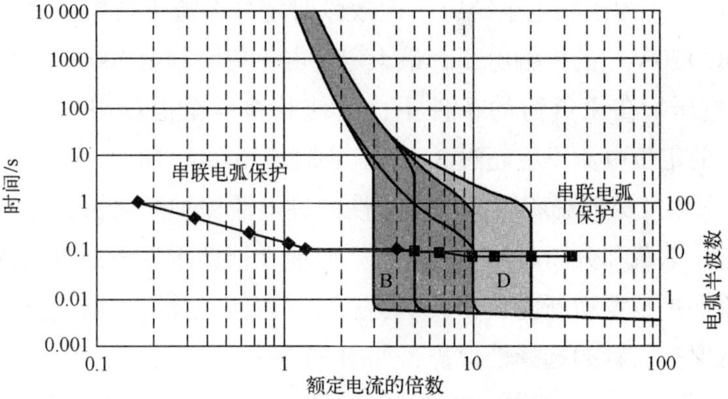

图 34　AFDD 时间-电流动作特性曲线

AFDD 能有效检测串联或并联故障电弧的电流和电压波形（见图 35），并与给定值比较，当超过动作值时断开被保护电路。

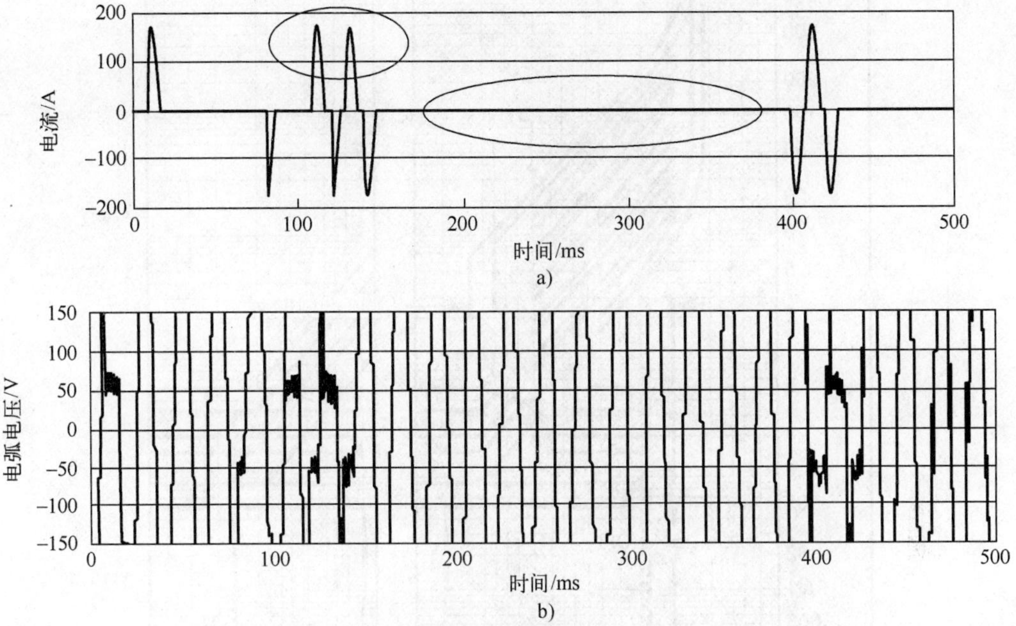

图 35　故障电弧的电流和电压波形

AFDD 宜安装在火灾危险等场所的终端回路。

AFDD 和 MCB 串联使用，能提供配电线路的短路电流、过负荷电流、串联电弧电流、并联电弧电流的综合保护。

98. 主进断路器的长延时整定时间如何确定？

一般主进断路器长延时时间设定在可调范围内的中间值，因各个厂家所给的时间整定范围不同，故设计图样中所标注的设定值也会不同，但通常在十几秒到几十秒这个范围内。

特别需要注意的是：因为长延时保护通常采用反时限，当发生过电流时，断路器实际脱扣时间会与过电流倍数有关，不一定按整定时间脱扣。以施耐德 MT 断路器为例，当长延时设为 $t_r = 12\,s$ 时，是指当发生 $6I_r$（I_r 为长延时电流整定值）的过电流时，断路器的最大脱扣时间是 12 s。如过电流倍数不是 6，则要到样本所给的脱扣曲线中去查找相应的脱扣时间。以上述设定值为例，出现 $2I_r$ 的过负荷电流时，查脱扣曲线得到实际最大脱扣时间为 100 s，如图 36 所示。

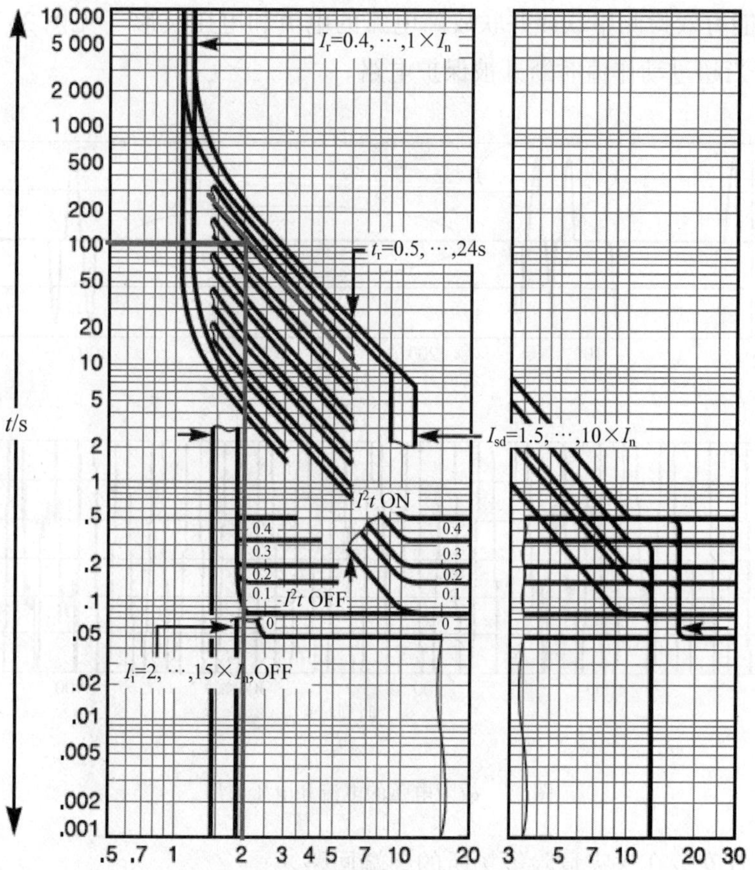

图 36　MT 框架断路器脱扣曲线

以主进断路器选型为例，当变压器为 1000 kV · A，10 kV/0. 4 kV，其额定电流为 1443 A，选 I_n = 1600 A 的空气断路器，按变压器负荷率 70%计，总负荷计算电流接近 1000 A，长延时保护整定值 I_r = 1100 A，t_r = 12 s 即可。负荷增加时，现场可随时调整 I_r 至 1600 A，以确保负荷正常工作，不跳闸。当然也可以选择 2000 A，整定在 1600 A。不同思路，整定有一定差异。有多个方向，多种方法，需整体考虑，结合实际，灵活运用，不可单纯按某倍数关系生搬硬套。

99. 关于桥架的相关规范要求有哪些?

在桥架敷设中，经常有人问，是否可以强弱电线缆合用一个桥架再加隔板、是否可以强电中的消防和非消防电缆合用一个桥架再加隔板、是否可以火灾自动报警系统线缆和普通弱电线缆合用桥架再加隔板等问题，因此把相关条文总结

如下。

《民用建筑电气设计规范》（JGJ 16—2008）规定：

电缆桥架多层敷设时，其层间距离应符合下列规定：

1）电力电缆桥架间不应小于0.3m。

2）电信电缆与电力电缆桥架间不宜小于0.5m，当有屏蔽盖板时可减少到0.3m。

3）控制电缆桥架间不应小于0.2m。

4）桥架上部距顶棚、楼板或梁等障碍物不宜小于0.3m。

条文说明：采用电缆桥架布线，通常敷设的电缆数量较多而且较为集中。为了散热和维护的需要，桥架层间应留有一定的距离。强电、弱电电缆之间，为避免强电线路对弱电线路的干扰，当没有采取其他屏蔽措施时，桥架层间距离有必要加大一些。

下列不同电压、不同用途的电缆，不宜敷设在同一层桥架上：

1）1kV以上和1kV以下的电缆。

2）向同一负荷供电的两回路电源电缆。

3）应急照明和其他照明的电缆。

4）电力和电信电缆。

当受条件限制需安装在同一层桥架上时，应用隔板隔开。

条文说明：本条文规定是为了保障线路运行安全和避免相互间的干扰和影响。

《建筑设计防火规范》（GB 50016—2014）规定：消防配电线路应满足火灾时连续供电的需要，其敷设应符合下列规定：

1）明敷时（包括敷设在吊顶内），应穿金属导管或采用封闭式金属槽盒保护，金属导管或封闭式金属槽盒应采取防火保护措施；当采用阻燃或耐火电缆并敷设在电缆井、沟内时，可不穿金属导管或采用封闭式金属槽盒保护；当采用矿物绝缘类不燃性电缆时，可直接明敷。

2）暗敷时，应穿管并应敷设在不燃性结构内且保护层厚度不应小于30mm。

3）消防配电线路宜与其他配电线路分开敷设在不同的电缆井、沟内；确有困难需敷设在同一电缆井、沟内时，应分别布置在电缆井、沟的两侧，且消防配电线路应采用矿物绝缘类不燃性电缆。

条文说明：第1）、2）款为强制性条文。消防配电线路的敷设是否安全，直接关系到消防用电设备在火灾时能否正常运行，因此，本条对消防配电线路的敷设提出了强制性要求。

工程中，电气线路的敷设方式主要有明敷和暗敷两种方式。对于明敷方式，由于线路暴露在外，火灾时容易受火焰或高温的作用而损毁，因此，规范要求线路明敷时要穿金属导管或金属线槽并采取保护措施。保护措施一般可采取包覆防火材料或涂刷防火涂料。

对于阻燃或耐火电缆，由于其具有较好的阻燃和耐火性能，故当敷设在电缆井、沟内时，可不穿金属导管或封闭式金属槽盒。“阻燃电缆”和“耐火电缆”为符合国家现行标准《阻燃及耐火电缆：塑料绝缘阻燃及耐火电缆分级和要求》（GA 306.1~2）的电缆。

矿物绝缘类不燃性电缆由铜芯、矿物质绝缘材料、铜等金属护套组成，除具有良好的导电性能、机械物理性能、耐火性能外，还具有良好的不燃性，这种电缆在火灾条件下不仅能够保证火灾延续时间内的消防供电，还不会延燃、不产生烟雾，故规范允许这类电缆可以直接明敷。

暗敷设时，配电线路穿金属导管并敷设在保护层厚度达到 30 mm 以上的结构内，是考虑到这种敷设方式比较安全、经济，且试验表明，这种敷设能保证线路在火灾中继续供电，故规范对暗敷时的厚度作出相关规定。

《低压配电设计规范》（GB 50054-2011）的 7.1.4 条规定：

在同一个槽盒里有几个回路时，其所有的绝缘导线应采用与最高标称电压回路绝缘相同的绝缘。

1）除技术夹层外，电缆托盘和梯架距地面的高度不宜低于 2.5 m。

2）电缆在托盘和梯架内敷设时，电缆总截面积与托盘和梯架横截面面积之比，电力电缆不应大于 40%，控制电缆不应大于 50%。

3）电缆托盘和梯架水平敷设时，宜按荷载曲线选取最佳跨距进行支撑，且支撑点间距宜为 1.5~3 m。垂直敷设时，其固定点间距不宜大于 2 m。

4）电缆托盘和梯架多层敷设时，其层间距离应符合下列规定：

① 控制电缆间不应小于 0.20 m。

② 电力电缆间不应小于 0.30 m。

③ 非电力电缆与电力电缆间不应小于 0.50 m；当有屏蔽盖板时，可为 0.30 m。

④ 托盘和梯架上部距顶棚或其他障碍物不应小于 0.30 m。

5）几组电缆托盘和梯架在同一高度平行敷设时，各相邻电缆托盘和梯架间应有满足维护、检修的距离。

6）下列电缆不宜敷设在同一层托盘和梯架上：

① 1 kV 以上与 1 kV 及以下的电缆。

② 同一路径向一级负荷供电的双路电源电缆。

③ 应急照明与其他照明的电缆。

④ 电力电缆与非电力电缆。

7）第6）条规定的电缆，当受条件限制需安装在同一层托盘和梯架上时，应采用金属隔板隔开。

8）电缆托盘和体积不宜敷设在热力管道的上方及腐蚀性液体管道的下方；腐蚀性气体的管道，当气体相对密度大于空气时，电缆托盘和梯架宜敷设在其上方；当气体相对密度小于空气时，宜敷设在其下方。电缆托盘和梯架与管道的最小净距，应符合表72的规定。

表72　电缆托盘和梯架与各种管道的最小净距　　　（单位：m）

管道类别		平行净距	交叉净距
有腐蚀性液体、气体的管道		0.5	0.5
热力管道	有保温层	0.5	0.3
	无保温层	1.0	0.5
其他工艺管道		0.4	0.3

9）电缆托盘和梯架在穿过防火墙及防火楼板时，应采取防火封堵。

10）金属电缆托盘、梯架及支架应可靠接地，全长不应少于2处与接地干线相连。

GB 50311—2016中规定如下：

综合布线电缆与附近可能产生高电平电磁干扰的电动机、电力变压器、射频应用设备等电器设备之间应保持间距，与电力电缆的间距应符合表73的规定。

表73　综合布线电缆与电力电费的间距　　　（单位：mm）

类别	与综合布线接近状况	最小间距
380 V电力电缆<2 kV·A	与缆线平行敷设	130
	有一方在接地的金属槽盒或钢管中	70
	双方都在接地的金属槽盒或钢管中	10[①]
380 V电力电缆 2~5 kV·A	与缆线平行敷设	300
	有一方在接地的金属槽盒或钢管中	150
	双方都在接地的金属槽盒或钢管中	80

（续）

类　别	与综合布线接近状况	最小间距
380 V 电力电缆>5 kV · A	与缆线平行敷设	600
	有一方在接地的金属槽盒或钢管中	300
	双方都在接地的金属槽盒或钢管中	150

① 双方都在接地的槽盒中，是指两个不同的线槽，也可在同一线槽中用金属板隔开，且平行长度不大于 10 m。

GB 50303—2015 中的规定见表 74。

表 74　母线槽及电鉴梯架、托盘和槽盒与管道的最小净距　（单位：mm）

管道类别		平行净距	交叉净距
一般工艺管道		400	300
可燃或易燃易爆气体管道		500	500
热力管道	有保温层	500	300
	无保温层	1000	500

100. 规范中关于电井的要求有哪些？

规范中关于电井的要求见表 75。

表 75　电井的要求

建筑类型	规范依据	规范条文摘录
低压配电通用	《低压配电设计规范》（GB 50054—2011）的 7.7.1 条	多层和高层建筑内垂直配电干线的敷设，宜采用电气竖井布线
民用建筑	《民用建筑电气设计规范》（JGJ 16—2008）的 8.12.1 条和 8.12.8 条	电气竖井内布线适用于多层和高层建筑内强电及弱电垂直干线的敷设。可采用金属导管、金属线槽、电缆、电缆桥架及封闭式母线等布线方式。 电力和电信线路宜分别设置竖井。当受条件限制必须合用时，电力与电信线路应分别布置在竖井两侧或采取隔离措施。 教育建筑内应设电气竖井，强弱电竖井宜分别设置。电气竖井的位置和数量应根据用电负荷、供电距离、建筑物的沉降缝设置和防火分区等因素确定。电气竖井应避免邻近烟道、热力管道和其他散热量大或潮湿的设施

（续）

建筑类型	规范依据	规范条文摘录
教育建筑	《教育建筑电气设计规范》(JGJ 310—2013）的6.4.1条	教育建筑内应设电气竖井，强弱电竖井宜分别设置。电气竖井的位置和数量应根据用电负荷、供电距离、建筑物的沉降缝设置和防火分区等因素确定。电气竖井应避免邻近烟道、热力管道和其他散热量大或潮湿的设施
商店建筑	《商店建筑电气设计规范》(JGJ 392—2016）的6.3.4条	大、中型商店建筑的强电和弱电线缆竖井应分别设置。小型商店建筑的强电和弱电线缆竖井宜分别设置
办公建筑	《办公建筑设计规范》(JGJ 67—2006）的4.5.9条和4.5.10条	高层办公建筑每层应设置强电间，其使用面积不应小于4 m^2，强电间应与电缆竖井毗邻或合一设置。 高层办公建筑每层应设置弱电交接间，其使用面积不应小于5 m^2，弱电交接间应与弱电井毗邻或合一设置
体育建筑	《体育建筑电气设计规范》(JGJ 354—2014）的11.3.1条	体育建筑的电气竖井不应邻近烟道、热力管道及其他散热量大或潮湿的设施。乙级及以上等级体育建筑的强电、弱电竖井宜分开设置
医疗建筑	《医疗建筑电气设计规范》(JGJ 312—2013）的7.3.1条	二级及以上医院应分别设置电气及通信竖井，并应根据工程需要设置相应的设备间
交通建筑	《交通建筑电气设计规范》(JGJ 243-211）的6.4.17条	大型交通建筑的配电和弱电线路，应分别设置配电间、弱电间或竖井。中小型交通建筑的配电和弱电线路，宜分别设置配电间、弱电间或竖井，当受条件限制需合并设置时，配电与弱电线路应分别布置在竖井两侧或采取隔离措施
住宅建筑	《住宅建筑电气设计规范》(JGJ 242—2011）的7.4.1条和7.4.7条	电气竖井宜用于住宅建筑供电电源垂直干线等的敷设，并可采取电缆直敷、导管、线槽、电缆桥架及封闭式母线等明敷设布线方式。 强电和弱电线缆宜分别设置竖井。当受条件限制需合用时，强电和弱电线缆应分别布置在竖井两侧或采取隔离措施
重庆住宅	《重庆市住宅电气设计标准》(DB50/T-147-2012）的7.4.7条	强电和弱电缆线宜分别设置竖井。当受条件限制需合用时，强电和弱电缆线应分别布置在竖井两侧或采取隔离措施

参考文献

[1] 中华人民共和国住房和城乡建设部．供配电系统设计规范：GB 50052-2009［S］. 北京：中国计划出版社，2009.

[2] 中华人民共和国住房和城乡建设部．商店建筑电气设计规范：JGJ 392-2016［S］. 北京：中国建筑工业出版社，2016.

[3] 中华人民共和国住房和城乡建设部．办公建筑设计规范：JGJ 67-2006［S］. 北京：中国建筑工业出版社，2006.

[4] 中华人民共和国住房和城乡建设部．体育建筑电气设计规范：JGJ 354-2014［S］. 北京：中国建筑工业出版社，2014.

[5] 中华人民共和国住房和城乡建设部．医疗建筑电气设计规范：JGJ 312-2013［S］. 北京：中国建筑工业出版社，2013.

[6] 中华人民共和国住房和城乡建设部．交通建筑电气设计规范：JGJ 243-2011［S］. 北京：中国建筑工业出版社，2011.

[7] 重庆市城乡建设委员会．重庆市住宅电气设计标准：DB50/T-147-2012［S］. 2012.

[8] 低压配电设计规范：GB 50054-2011［S］. 北京：中国计划出版社，2011.

[9] 中华人民共和国住房和城乡建设部．电力工程电缆设计规范：GB 50217-2007［S］. 北京：中国计划出版社，2007.

[10] 中华人民共和国国家质量监督检验检疫总局．电能质量 供电电压允许偏差：GB 12325-2008［S］. 北京：中国标准出版社，2008.

[11] 中华人民共和国国家质量监督检验检疫总局．电能质量 电压波动和闪变：GB 12326-2008［S］. 北京：中国标准出版社，2008.

[12] 中华人民共和国国家质量监督检验检疫总局．电能质量 公用电网谐波：GB/T 14549-1993［S］. 北京：中国质检出版社，1993.

[13] 中华人民共和国国家质量监督检验检疫总局．电能质量 三相电压允许不平衡度：GB/T 15543-2008［S］. 北京：中国标准出版社，2008.

[14] 中华人民共和国住房和城乡建设部．建筑照明设计标准：GB 50034-2013［S］. 北京：中国建筑工业出版社，2013.

[15] 中华人民共和国住房和城乡建设部．建筑设计防火规范：GB 50016-2014［S］. 北京：中国计划出版社，2014.

[16] 中华人民共和国住房和城乡建设部．20 kV 及以下变电所设计规范：GB 50053-2013［S］. 北京：中国计划出版社，2013.

[17] 中华人民共和国住房和城乡建设部．通用用电设备配电设计规范：GB 50055-2011［S］. 北京：中国计划出版社，2011.

[18] 中华人民共和国住房和城乡建设部．建筑物防雷设计规范：GB 50057-2010［S］. 北京：

中国计划出版社，2010.
[19] 中华人民共和国住房和城乡建设部．住宅设计规范：GB 50096-2011 [S]. 北京：中国建筑工业出版社，2011.
[20] 中华人民共和国住房和城乡建设部．城市电力规划规范：GB/T 50293-2014 [S]. 北京：中国建筑工业出版社，2014.
[21] 中华人民共和国住房和城乡建设部．综合布线系统工程设计规范：GB 50311-2016 [S]. 北京：中国计划出版社，2016.
[22] 中华人民共和国国家质量监督检验检疫总局．民用建筑电气设计规范：JGJ 16-2008 [S]. 北京：中国建筑工业出版社，2008.
[23] 中华人民共和国国家质量监督检验检疫总局．电击防护 装置和设备的通用部分：GB/T 17045-2008 [S]. 北京：中国标准出版社，2008.
[24] 中华人民共和国国家质量监督检验检疫总局．电流对人和家畜的效应 第1部分 通用部分：GB/T 13870.1-2008 [S]. 北京：中国标准出版社，2008.
[25] 中华人民共和国国家质量监督检验检疫总局．电流对人和家畜的效应 第2部分 特殊情况：GB/T 13870.2-2016 [S]. 北京：中国标准出版社，2016.
[26] 中华人民共和国国家质量监督检验检疫总局．系统接地的形式及安全技术要求：GB 14050-2008 [S]. 北京：中国标准出版社，2008.
[27] 中华人民共和国国家质量监督检验检疫总局．低压电气装置 第4-41部分：安全防护电击防护：GB 16895.21-2011 [S]. 北京：中国标准出版社，2011.
[28] 中华人民共和国国家质量监督检验检疫总局．低压电气装置 第4-43部分：安全防护过电流保护：GB 16895.5-2012 [S]. 北京：中国标准出版社，2012.
[29] 中华人民共和国住房和城乡建设部．住宅建筑电气设计规范：JGJ 242-2011 [S]. 北京：中国建筑工业出版社，2011.
[30] 中华人民共和国国家质量监督检验检疫总局．剩余电流动作保护装置安装和运行：GB 13955-2005 [S]. 北京：中国标准出版社，2005.
[31] 中华人民共和国住房和城乡建设部．交流电气装置的接地设计规范：GB/T 50065-2011 [S]. 北京：中国计划出版社，2011.
[32] 中华人民共和国住房和城乡建设部．建筑物电子信息系统防雷技术规范：GB 50343-2012 [S]. 北京：中国建筑工业出版社，2012.
[33] 中华人民共和国住房和城乡建设部．建设工程施工现场供用电安全规范：GB 50194-2014 [S]. 北京：中国计划出版社，2014.
[34] 中华人民共和国住房和城乡建设部．施工现场临时用电安全技术规范：JGJ 46-2005 [S]. 北京：中国建筑工业出版社，2005.
[35] 中华人民共和国住房和城乡建设部．建筑电气工程施工质量验收规范：GB 50303-2015 [S]. 北京：中国建筑工业出版社，2015.
[36] 中国建筑工程总公司. 建筑电气工程施工工艺标准 [M]. 北京：中国建筑工业出版社，2003.

[37] 王厚余建筑物电气装置600问［M］. 北京：中国电力出版社，2013.
[38] 北京市建筑设计研究院有限公司 . 建筑电气专业技术措施［M］. 2 版 . 北京：中国建筑工业出版社，2016.
[39] 中国航空工业规划设计研究总院有限公司 . 工业与民用配电设计手册［M］. 3 版 . 北京：中国电力出版社，2005.
[40] 中国航空规划设计研究总院有限公司 . 工业与民用供配电设计手册［M］. 4 版 . 北京：中国电力出版社，2016.
[41] 北京照明学会照明设计专业委员会 . 照明设计手册［M］. 3 版 . 北京：中国电力出版社，2017.
[42] 天津电气传动设计研究所 . 电气传动自动化技术手册［M］. 3 版 . 北京：机械工业出版社，2011.
[43] 刘介才 . 工厂供电［M］. 6 版 . 北京：机械工业出版社，2016.
[44] 李兴林 . 注册电气工程师考试辅导教材及复习题解（供配电专业技能部分）［M］. 2 版 . 北京：中国建筑工业出版社，2007.
[45] 冯峰 . 注册电气工程师执业资格专业考试典型考点900题（供配电专业）［M］. 北京：机械工业出版社，2017.
[46] 冯峰 . 注册电气工程师执业资格考试专业考试复习指南（供配电专业）［M］. 北京：中国电力出版社，2016.
[47] 中华人民共和国国家发展和改革委员会 . 导体和电器选择设计技术规定：DL/T 5222—2005［S］. 北京：中国电力出版社，2005.
[48] 王常余，邹跃平 . 电气接地防雷190问［M］. 上海：上海科学技术出版社，2009.
[49] 李旭东，梁金海 . 建筑电气设计原理30讲［M］. 北京：中国建材工业出版社，2018.